KB020598

엔진의 역사

헤론 터빈에서 제트 엔진까지

엔진의
역사

초판 1쇄 발행일 2020년 3월 30일

지은이 김기태
펴낸이 이원중

펴낸곳 지성사 출판등록일 1993년 12월 9일 등록번호 제10-916호
주소 (03458) 서울시 은평구 진흥로 68 정안빌딩 2층(북측)
전화 (02) 335-5494 팩스 (02) 335-5496
홈페이지 www.jisungsa.co.kr 이메일 jisungsa@hanmail.net

ⓒ 김기태, 2020

ISBN 978-89-7889-437-1 (03500)

잘못된 책은 바꾸어 드립니다. 책값은 뒤표지에 있습니다.

이 도서의 국립중앙도서관 출판예정도서목록(CIP)은 서지정보유통지원시스템 홈페이지(http://seoji.nl.go.kr)와
국가자료종합목록 구축시스템(http://kolis-net.nl.go.kr)에서 이용하실 수 있습니다.(CIP제어번호 : CIP2020011569)

헤론 터빈에서 제트 엔진까지

엔진의 역사

김기태 지음

지성사

우리는 도구를 만들고, 도구는 우리를 만든다.

_ 마셜 매클루언
Marshall Mcluhan, 1911~1980, 문화비평가

일러두기

· 외래어는 국립국어원의 외래어표기법을 따랐다.

· 인물의 생몰년은 브리태니커 백과사전을 기준으로 하였다.

· 『 』는 책명, 「 」는 작품명(논문 등), 〈 〉는 신문·잡지명을 가리킨다.

· 참고 문헌은 저자가 미국에 있는 수년 동안 뉴욕의 도서관에서 열람한 서적들이 대부분이나 당시 기록물
  의 분실로 이 책에 싣지 못하였다. 다만 스팀 엔진 등에 관한 내용은 Robert Thurston의 『A History of The
  Growth of The Steam Engine(1878년)』을 인용, 참조하였음을 밝혀둔다.

창의적이고 더욱 발전된
새로운 엔진을 기다리며

산업혁명이 영국에서 시작된 근본적인 이유는 뉴커먼 엔진Newcomen Engine
이라는, 제한적이지만 새로운 엔진이 발명된 것과 제임스 와트James Watt가
이를 개량해 중요한 동력원으로 바꾼 스팀 엔진의 기술적인 혁신이었다. 당
시 광산의 물을 퍼내는 데 그쳤던 뉴커먼 엔진의 용도를 제임스 와트가 획기
적으로 넓혔기 때문이다.

그전까지만 하더라도 수차의 동력을 이용한 소규모의 공장이 생겨났으
나 이러한 공장들은 수차를 사용할 수 있는 물가에 위치해야 했고 출력도 수
차가 낼 수 있는 만큼으로 한정되어 있었다. 그런데 와트의 스팀 엔진이 나
옴으로써 지역적 한계나 출력의 제한을 극복하게 된 것이 제1차 산업혁명의
근간이 되었던 것이다.

그 후 스팀 엔진은 좀 더 소형이면서 압력이 높고 출력이 크며 또 연료 효
율이 높은 쪽으로 발전해갔다. 19세기 후반에 이르러서는 스팀 엔진을 대체
할 동력원으로 내연기관과 전기 모터 등이 나와 제2의 산업혁명이 일어났
다. 19세기 말인 1884년에 발명된 스팀 터빈은 스팀 엔진의 쇠퇴에도 불구
하고 21세기인 현재까지 전 세계 전력 생산의 기본 동력원이 되고 있으며,

20세기 초에 비약적으로 발전한 내연기관인 오토사이클 엔진을 장착한 자동차는 오늘날 우리가 살아가는 데 없어서는 안 될 필수품이 되었다.

제2차 세계대전 중 발명되어 실용화한 제트 엔진을 단 여객기들은 지난 세기의 가장 유명한 과학자 중 한 사람인 영국 톰슨 경Sir Joseph John Thomson의 "공기보다 무거운, 하늘을 나는 기계는 만들 수 없다"는 '예언'을 깨고 그 어떤 새보다 더 빨리 더 높이 날며 수많은 사람들을 세계 곳곳으로 실어 나름으로써 지구 전체를 하나의 생활권으로 만들었다.

이처럼 엔진(원동기)의 발달은 인류의 생활과 문화에 큰 변화를 가져오는 중요한 요소이며, 엔진이 주는 혜택은 우리 생활의 모든 영역에 직간접적으로 스며들어 있다. 그러나 그렇게 많은 종류의 엔진들이 모두 유럽과 미국 등 서방 국가에서 발명되어 개량되었고, 그 어느 것 하나 우리나라나 동양에서 발명되어 발전된 것은 없었다.

그 때문에 지금까지 엔진의 발명이나 발달 과정이 우리에겐 잘 알려지지 않았다.

한글을 창안하고, 금속활자를 세계에서 가장 먼저 만든 우리 선조들의 창

의력을 이어받아 우리의 젊은이들이 앞으로 더욱 발전된 새로운 동력원을 개척하고 이전의 발명가들이 겪었던 실수나 실패를 거듭하지 않으면서 그들이 생각하지 못했던 새로운 발명이나 창조를 위해서는 각종 엔진의 작동원리와 발달 과정을 이해하고 숙지하는 일이 무엇보다 중요할 것이다.

 필자의 이 조그마한 책은 조사된 자료들이 미비未備하고 또 서술 역시 미흡한 것이지만 이 분야의 연구에 종사하는 분들이나 앞으로 이 분야를 연구할 대학생들과 청소년들이 다양한 엔진들을 이해하고 연구하는 데 조금이나마 도움이 되고, 또 그들이 새로운 엔진을 발명하고 개량하는 데 하나의 계기가 될 수 있다면 필자에게는 더할 나위 없는 큰 보람이 될 것이다.

김기태

차례

1장

고대에서 제임스 와트까지

엔진의 정의

엔진의 역사를 이야기하기 전에 엔진이란 무엇인가에 대한 엔진의 정의부터 밝히는 것이 순서일 것이다.

엔진은 열, 전기, 수력 등의 에너지원으로부터 입력되는 에너지를 기계적인 운동 에너지로 변환시키는 장치를 말한다. 영어에서는 엔진Engine과 모터Motor가 유사하게 쓰이고 있으나 원래 Engine이란 연료를 직접 사용하여 운동 에너지를 발생시키는 장치를 가리키고, Motor는 전기 모터와 같이 그 입력원이 되는 에너지가 연료를 사용하여 일단 다른 형태의 에너지로 바뀐 에너지를 사용하는 기기를 뜻한다. 전기 모터에서 입력원이 되는 에너지는 전기이고, 압축공기를 이용한 모터는 높은 압력을 가해 부피를 줄인 공기를 입력 에너지원으로 사용한다.

영어에서 Engine과 Motor를 구분하여 사용한 것은 내연기관을 단 자동차가 나오면서 스팀 엔진을 단 자동차와 구별하기 위해서였다. 곧 당시 스팀 엔진을 단 차를 'Steam Roller'라고 하고 내연기관을 단 차를 'Motor Roller'라고 한 데서 기원한다.

오늘날은 대부분 뒤섞어 쓰고 있는데, 전동기는 Electric Engine이라고 하지 않고 Electric Motor로 부른다. 이와 마찬가지로 Steam Engine이라고 하지 Steam Motor라고 하지는 않으며, 자동차 엔진은 혼용되기

도 한다. 이러한 정의대로라면 스팀을 쓰는 엔진은 Steam Engine이 아
니고 Steam Motor가 적합할 것이다. 스팀은 연료를 사용하여 만든 다른
형태의 에너지이기 때문이다.

이 같은 이유로 지금부터는 전기 모터 등 특수한 경우를 제외하고는
엔진이라는 단어를 쓰기로 한다. 먼저 인류 역사를 통해 어떻게 해서 인
간이 현재와 같은 엔진을 개발하고 사용하게 되었는지 그 과정부터 살펴
보도록 한다.

우리가 엔진이라고 부를 수 있을 만한 최초의 것은 기원전 2세기경(어
떤 문헌에는 기원후 75년경이라고도 되어 있다) 고대 그리스의 헤론Heron에 의
해 사람들에게 알려진 에올리필Aeolipile(그림 1-1 참조)일 것이다.

그리스에서는 피타고라스나 아르키메데스, 소크라테스, 플라톤 같은
철학자들이 많이 배출되었는데 헤론은 오늘날 이집트의 알렉산드리아에
서 주로 활동하면서 과학에 대한 연구를 한 것으로 알려져 있다. 1903년
독일 라이프치히의 토이브너Teubner 출판사에서 발행한 5권의 헤론의 책
에 따르면 헤론은,

그림 1-1 헤론의 에올리필(헤론 터빈)

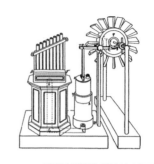

그림 1-2 풍차를 이용한 헤론의 오르간

Pneumatica(기체학): 공기나 스팀, 물의 압력을 이용한 장치에 관한 것

Automata(자동장치): 사원에서 문을 자동적으로 여닫거나, 포도주를 따르는 상像 등 스스로 작동하는 경이를 보인 것

Mechanica(기계학): 무거운 물건을 옮기는 방법에 관한 것

Metrica(측정학): 여러 형태의 사물의 부피와 겉넓이를 재는 방법에 관한 것

Belopoeica: 전쟁 무기에 관한 것

Catoptrica(반사광학): 빛의 반사와 거울에 관한 것

등을 광범위하게 저술하였다.

에올리필은 스팀이 내뿜는 힘으로 구체球体 가 돌아가는 장치로, 헤론은 에너지를 이용하려는 것보다는 순전히 사람들의 호기심을 끄는 장난감으로 활용하였다. 그러나 풍차를 이용한 그의 오르간은 바람의 힘으로 소리를 울림으로써 처음으로 풍력을 유익한 목적에 쓴 기계이다(그림 1-2 참조).

흐르는 물의 힘으로 곡식으로 찧은 수차 등의 기계도 고대로부터 인류가 이용하였을 것으로 생각되나 정확히 기록된 것은 없다. 다만 기원전 1세기경 카베리아Kaberia에서 수차가 이용되었다는 기록이 남아 있으며, 그후 로마시대에는 수차가 널리 사용되었다고 한다.

인류 문명의 암흑기로 일컬어지는 중세에는 발전의 흔적을 찾기가 어려우나 로마시대나 고대의 것들을 그대로 모방하거나 재현해서 썼을 것으로 생각된다. 16세기 말에서 17세기 초부터는 다시 수증기에 의한 엔진에 관심이 일기 시작한 것 같다.

엔진은 크게 외연기관과 내연기관으로 분류한다.

외연기관은 그 기관에 사용되는 연료의 연소가 증기기관에서처럼 엔진의 외부에서 일어나고, 내연기관은 연료의 연소가 자동차 엔진에서처럼 엔진의 내부(이 경우는 실린더 내에서)에서 일어나는 엔진이다.

외연기관의 대표적인 것이 증기기관이나 증기 터빈이며, 내연기관으로는 자동차 엔진으로 사용되는 오토사이클 엔진(Otto-cycle Engine, 4행정 기관), 가스 터빈, 제트 엔진 등이 대표적이다.

이 책에서는 외연기관인 증기기관부터 그 발달 과정을 상세히 살피기로 한다.

증기기관의 발달

    헤론의 에올리필 이후 중세를 지나면서 전혀 발전이 없던 스팀이나 바람을 이용한 기기는 1551년 터키(당시는 오스만튀르크)의 타키 알딘Taqi al-Din, 1526~1585이 연기에 의해 회전하는 연기 터빈smoke jack을 고안했다는 기록이 있으나, 실제로 만들어져 사용되었는지는 분명하지 않다.

    연기 터빈은 그림 1-3에서 보는 것처럼 연기의 상승 작용을 이용해서 풍차를 돌리는 장치이다. 이 그림에서 시선을 끄는 것은 치차齒車, gear의 형태이다. 회전축의 방향을 90도 바꾸는 기어가 이때 이미 발명되었음을 알려주는 것이기 때문이다.

    1601년 이탈리아의 조반니 포르타Giovanni Battista Della Porta, 1535?~1615는

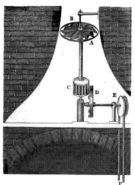

그림 1-3 타키 알딘이 고안한 최초의 연기 터빈(1551년)

그림 1-4 포르타의 장치(1601년)

스팀이 아니고 공기를 가열하여 그 팽창하는 힘으로 물을 위로 올리는 기구를 고안했다(그림 1-4 참조).

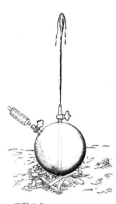

프랑스의 루이 13세의 엔지니어이고 건축가인 살로몬 드카우스Salomon de Caus, 1576~1626는 1605년, 물을 위로 올리는 장치로 포르타의 것과 비슷하지만 스팀의 압력을 이용하는 장치를 고안하였다. 그는 개울물을 수차에 사용할 수 있도록 물을 높이 올리는 데 그의 장치를 쓸 것을 권장했다고 한다(그림 1-5 참조).

그림 1-5
드카우스의 장치(1605년)

오늘날의 관점에서 본다면 스팀의 압력으로 물을 높은 곳으로 올리고 이것을 다시 수차에 떨어지게 하여 에너지를 얻는다는 것이 대단히 비능률적으로 생각되지만, 수차 이외에는 거의 회전 동력을 얻을 방법을 모르던 중세 사람들에게는 이 방법도 커다란 매력이었던 것 같다. 물이 풍부하지 않은 개울이나 저수지 등에서 한 번 수차를 돌리고 난 물을 다시 올려 쓸 수 있었기 때문이다.

1629년, 이탈리아의 조반니 브랑카Giovanni Branca, 1571~1645는 앞서 타키알딘이 제시한 연기 엔진과 구조는 거의 같지만 연기 대신 스팀을 활용한 엔진을 고안하여 여러 목적으로 사용하도록 제안했다고 한다. 작동원리는 오늘날의 스팀 터빈과 다를 바가 없다.

그림 1-6 브랑카의 스팀 엔진(1629년)

그러나 이 장치가 실제로 사용된 것 같

지는 않고, 지금의 기준으로 보았을 때 이보다 효율이나 출력에서도 한참 뒤떨어지는 대기압을 이용한 스팀 엔진이 처음으로 광산의 물을 퍼올리는 데 쓰인 것은 좀 불가사의한 측면이 있다.

흔히 쓸모가 많은 스팀 장치를 처음으로 만든 사람이 제임스 와트라고 생각하기 쉬우나 실제로는 우스터의 후작인 에드워드 서머싯Edward Somerset, 2nd marquess of Worcester, 1601~1667이다. 그는 우스터 분수(그림 1-7 참조)를 런던 근교에 있는 래글런 성Raglan Castle에 물을 퍼 올리는 데 활용함으로써 최초로 스팀의 힘을 유용한 일에 사용했다.

1680년, 네덜란드의 크리스티안 하위헌스Christiaan Huygens, 1629~1695는 그림 1-9와 같이 실린더와 피스톤으로 된 엔진을 처음으로 고안하여 과학학회에 제출하였다. 이 엔진은 실린더 내에 화약을 넣어 폭발시키면 그 폭발로 내부의 공기가 양쪽의 일방 변一方弁, one way valve을 통해 나가고 실린더가 식어 내부의 압력이 약해지면 대기압에 의해 피스톤이 빨려 내려오며 물체를 이동시킨다. 이것이 실린더와 피스톤을 이용

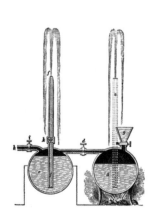

그림 1-7 우스터 분수(1664년)

래글런 성에 물을 퍼 올리기 위한 우스터 스팀 장치(1665년)

그림 1-8

한 세계 최초의 내연기관이다.

하위헌스가 고안한 엔진은 화약의 폭발력보다는 폭발로 실린더 내의 고온의 공기가 팽창해 외부로 나가고 내부가 식으면 압력이 낮아지므로 그 압력차로 인한 흡인력을 이용한 것이었다. 현재의 내연기관과는 정반대의 힘을 이용한 셈이다. 그러나 이 엔진이 만들어졌다는 기록은 없는 것으로 보인다.

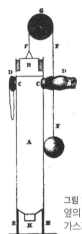

그림 1-9 하위헌스의 엔진. 옆의 일방 변을 통해 폭발 가스가 나가고 있다.

당시 비교적 강우량이 많은 영국 스코틀 랜드 지방의 탄광에서는 상당한 깊이의 땅속까지 파고 들어가 작업을 했는데 그 때문에 물이 대량으로 나와 채탄에 큰 어려움을 겪고 있었다. 물을 퍼내기 위해 어떤 탄광에서는 500마리 이상의 말을 동원해야 했다. 그러다가 1700년 전후에 토머스 세이버리Thomas Savery, 1650~1715와 토머스 뉴커먼Thomas Newcomen, 1664~1729이 발명한 엔진이 이 말들의 힘을 대체하게 되었다.

그림 1-10 세이버리가 고안한 스팀 엔진(1699년)

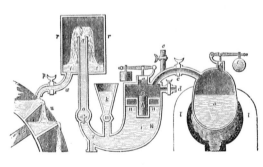

그림 1-11 파팽이 고안한 제2의 스팀 엔진(1707년)

토머스 세이버리는 탄광의 물을 퍼내기 위해 밀폐된 용기에 물을 채우고 가열하여 스팀의 힘으로 그 물이 관을 타고 탄광 밖으로 나가게 하였고, 이렇게 물이 빠진 용기를 찬물로 식혀 용기 내에 있는 수증기가 응축하면서 진공을 만들면 그 힘으로 탄광 바닥의 물을 용기 내로 빨아들이고 다시 가열하여 위로 뿜어 올려 배출시켰다.

그 후 프랑스의 드니 파팽Denis Papin, 1647~1712이 물을 퍼 올리는 스팀 엔진을 고안했다(그림 1-11 참조).

파팽과 세이버리가 처음으로 고안한, 대기압大氣壓을 이용한 물 푸는 장치를 좀 더 기계적으로 완성한 것이 뉴커먼 대기압 엔진이었다. 이것은 효율이 극히 낮았고(총 열효율이 1퍼센트 정도였을 것으로 추측된다) 크기도 상당히 컸으나, 실제 광산의 물이나 수차에 공급할 물을 푸는 용도로 사용된 최초의 기계였다.

스팀의 응축하는 힘(우스터 분수와는 달리)을 이용해 처음으로 유용한 일을 한 엔진이고 또 제임스 와트에 의해 보다 실용적인 스팀 엔진으로 발전되었다는 점에서 뉴커먼 엔진Newcomen Engine은 매우 중요한 의미를 가진다.

제임스 와트는 뉴커먼의 엔진을 개량해서 전보다 75퍼센트나 적은 양의 석탄을 사용하게 만들었다. 나중에는 왕복운동을 원운동으로 바꾸는 엔진을 만들어 당시 수차의 힘을 이용하기 위해 물가에 있어야만 했던 공장들을 어디에나 지을 수 있게 함으로써 산업혁명의 발전을 이끌었다.

1800년경에는 리처드 트레비식Richard Trevithick이 고압의 스팀을 이용하는 엔진을 만들었다. 스팀의 압력을 높인 엔진이 나오기까지 이처럼 긴 시간이 걸렸던 것은 안전 변(밸브)이 없던 당시 스팀 보일러의 폭발 사고 등에 따른 문제와, 스팀 엔진의 특허를 대량 보유하고 있던 제임스 와트의 반대가 큰 작용을 한 것으로 보인다. 와트는 실제로 고압 스팀(현재의 기준으로는 매우 저압이지만)의 사용을 적극 반대했다고 한다.

그는 주로 50psi(pound-force per square inch, 압력의 단위로 제곱인치당 파운드) 이하의 압력을 이용했다. 대기압이 14.7psi인 것을 감안하면 그가 사용한 압력은 3기압쯤 된다. 현재 발전용 터빈에 사용되는 스팀의 압력이 650psi 이상인 것을 감안하면 상당히 낮은 압력임을 알 수 있다.

고압 스팀을 이용한 엔진은 그 크기가 훨씬 작고, 강력하고 빠르며 효율도 뛰어나 다른 많은 생산 분야에 널리 이용되었다. 1837년경 미국 뉴욕주 시러큐스의 에이버리와 그리녹의 윌슨은 헤론의 에올리필과 같이 스팀의 반작용을 이용한 터빈을 만들어 목재를 제재製材하는 회전 톱과 실을 짜는 기계의 동력으로 사용했다고 한다.

그들은 헤론과는 달리 별도의 보일러에서 공급되는 스팀을 파이프 모양의 축을 통해 엔진으로 들어오게 하고 이것을 직경 5피트(feet, 1피트는 약 30.48센티미터) 정도의 관을 거쳐 분사하게 하여 초속 270미터 정도의 속도를 얻었다고 한다. 약 3300rpm(revolutions per minute, 회전 속도의 단위로 분당 회전수)의 회전 속도를 얻은 셈이다.

타키 알딘형(풍차형) 터빈도 이용되었는데 저압 스팀에서는 그 효율이 극히 낮아 1884년 영국의 파슨스가 개량하기 전까지는 거의 이용되지 않은 듯하다.

20세기에 들어와 전기 모터와 내연기관이 나올 때까지 스팀 엔진은 철도를 비롯한 거의 모든 산업에서 동력의 근원이 되었다. 하지만 그 뒤로 많은 왕복형 스팀 엔진들이 전기 모터와 내연기관으로 대체되었다. 현재 전 세계 발전량發電量의 80퍼센트는 아직도 스팀 엔진에 의해 이루어지고 있으나 이는 왕복운동을 하는 스팀 엔진이 아니고 스팀 터빈에 의한 것이다.

이번에는 '증기기관의 선조' 뉴커먼 엔진이 어떻게 작동하는지 알아보기로 한다.

1. 보일러의 증기 밸브가 열리면서 고온의 스팀이 수직 실린더에 채워진다. 수직 실린더의 윗부분에는 피스톤이 달려 있는데, 이 피스톤 반대편의 플라이휠flywheel에 연결된 펌프는 그 무게에 의해 아래로 내려간다(스팀은 압력이 낮아 거의 힘을 발생시키지 못하고 실린더 내의 부피를 채우는 역할만 한다).
2. 보일러의 증기 밸브가 닫히고 물탱크 쪽 밸브가 열리면서 분사구에서 소량의 찬물이 피스톤 안으로 분사된다.
3. 실린더 내부의 증기가 순간적으로 응축되어 실린더 안에 부분적으

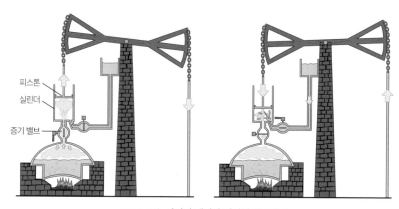

그림 1-12 뉴커먼의 대기압 엔진의 작동원리

피스톤
실린더
증기 밸브

로 진공 상태가 발생한다.

4. 이때 대기압과 실린더 내부의 압력차로 실린더 윗부분의 피스톤이 아래로 당겨지면서 동력이 발생한다.

5. 이 동력이 펌프를 들어 올리며 물을 퍼낸다.

이렇게 해서 하나의 과정이 끝나면 다시 1에서 5까지의 과정이 되풀이된다.

앞에서 살펴본 바와 같이 뉴커먼 엔진은 보일러로부터 저압의 스팀을 실린더 안으로 끌어들인 뒤 밸브가 닫히고 분사된 찬물에 의해 스팀이 응축하며 발생한 진공으로 인한 대기압이 피스톤을 밀어 내려 펌프를 올리는 힘을 얻는다.

그러나 매 과정마다 찬물로 피스톤과 실린더를 식히고 다음 과정에 들어오는 스팀으로 다시 가열시켜야 하므로 열손실이 많이 발생한다. 또한 이렇게 식고 응축되는 과정을 고려하여 스팀의 양을 최소화해야 하므로 스팀에 의한 힘의 발생이 극히 작거나 거의 없다.

곧 물을 퍼내는 주된 힘은 스팀이 응축할 때 피스톤에 작용하는 대기압이어서 이 엔진을 대기압 엔진이라고 하는 것이다. 이처럼 압력이 낮은 대기압을 이용하기 위해서는 비교적 직경이 큰 실린더가 필요했고 이에 따라 엔진의 크기도 커졌다.

그러면 대기압은 어느 정도 크기의 힘인가를 생각해보자. 1기압(1대기압을 의미한다)은 수은주 760밀리미터에 해당하고 수은의 비중이 약 13.5이므로 1제곱센티미터당 약 1킬로그램의 압력이 작용한다. 1650년 독일

그림 1-13 오토 게리케의 대기압 크기를 보여주는 실험

의 오토 게리케Otto von Guericke, 1602~1686가 행한 실험을 검토해보면 대략 그 힘의 크기를 알 수 있다.

게리케는 직경이 51센티미터인 두 반구를 붙이고 그 안의 공기를 뺀 다음 양쪽으로 8마리씩의 말이 끌어당기게 하였으나 반구는 쉽게 떨어지지 않았다고 한다(그림 1-13 참조). 그림은 게리케의 실험(마그데부르크의 반구 실험) 장면을 묘사한 것이다.

제임스 와트가 이 엔진의 성능을 대폭 개선하고 지속적으로 개량된 엔진을 만들어 스팀 엔진 시대를 열었지만 후에 증기의 압력을 높이는 데는 반대한 이유를 조금은 이해할 수 있을 것이다. 당시의 표준으로 볼 때는 대기압도 엄청나게 큰 힘이었다.

다음은 산업혁명의 아버지로 꼽히는 제임스 와트의 생애를 살펴보기로 한다.

제임스 와트James Watt, 1736~1819는 1736년 1월 19일, 스코틀랜드의 그리녹에서 태어났다. 어릴 때 몸이 약해 정규 교육을 받지 않았고 어머니에게 주로 사사했다. 그는 수학에 특히 재능을 보였으며 당시 중요하게 여

그림 1-14 제임스 와트

기던 라틴어와 그리스어는 잘하지 못했으나 스코틀랜드의 전설이나 신화 등에는 관심이 많았다고 한다.

18세 때 어머니가 세상을 떠나자 런던으로 가서 일 년간 계측기 제작에 대한 연수를 했다. 그 뒤 글래스고로 와서 자기 가게를 열고자 하였지만 조합 때문에 개업하지 못했다. 당시 글래스고에는 그가 만들려고 하던 과학 계측기를 만드는 다른 회사가 없었음에도 조합이 허가하지 않았다고 한다.

다행히 글래스고대학University of Glasgow의 물리학과 화학과 교수인 조지프 블랙Joseph Black의 도움을 받아 학교 안에 기계를 제작하고 수리하는 조그마한 가게를 열 수 있었으며, 둘은 가까운 친구가 되었다.

와트는 블랙 교수와 함께 가게에서 스팀으로 여러 가지 실험을 했다. 블랙 교수는 이전에 잠열(潛熱, 고체가 액체로, 액체가 기체로 변할 때, 온도 상승의 효과를 나타내지 않고 단순히 물질의 상태를 바꾸는 데 쓰는 열)에 대한 연구를 많이 하였는데 와트도 열의 성질에 대해 상당한 지식을 가지고 있었고 그 중요성을 인식하고 있었다.

학교 안에 가게를 연 지 4년이 지난 어느 날, 와트는 존 로빈슨 교수로부터 스팀 엔진에 관한 것을 연구하도록 권고 받았다. 그러나 와트는 이미 스팀 엔진 모형을 만들어 실험했다가 실패한 바 있었고 실제의 스팀 엔진이 작동하는 것을 본 일도 없었다. 그러다가 글래스고대학이 뉴커먼 엔진을 소유하고 있는 것을 알고 당시 수리를 위해 런던에 있던 엔진을 가져다 자신이 수리하기에 이르렀다. 이것이 1763년의 일이다.

와트는 그 엔진으로 수차례 실험한 끝에 약 80퍼센트에 가까운 열 손실이, 찬물을 뿜어 식게 된 실린더를 도로 데우는 데서 발생하는 것을 알게 되었다. 여기에서 그는 실린더를 식히는 대신에 별도의 응축기 condenser를 고안하였다.

이 아이디어는 그가 글래스고의 풀밭을 거닐고 있을 때 떠올랐다고 한다. 뉴커먼 엔진에 편심偏心으로 설치한 연결봉으로 에어 펌프를 작동하게 하여 실린더 내의 스팀을 빨아들이게 한 것이다. 와트는 1765년에 이러한 원리로 작동하는 첫 엔진을 완성했다. 그림에서 스팀을 빼는 진공 펌프Vacuum pump가 보인다(그림 1-15 참조).

그러나 완전한 생산 모델을 완성하기까지의 과정은 결코 쉽지 않았다. 처음에는 블랙 교수와 폴커크에 있는 캐론 철공소Carron Iron Works의 존 로벅John Roebuck, 1718~1794으로부터 자금 지원을 받았으나 이후 자금이 바닥나면서 8년간을 측량사로 일하지 않으면 안 되었다. 특히 특허를 내고 유지하는 데 많은 자금이 소요되었는데 당시 대장간 수준이던 철 연마

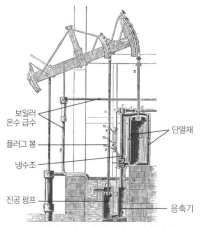

보일러
온수 급수

단열재

플러그 봉

냉수조

진공 펌프

응축기

그림 1-15 제임스 와트가 개량한 뉴커먼 엔진

그림 1-16 실제 와트의 응축기(1765년경)

기술로는 쓸 만한 피스톤을 만드는 데 큰 노력이 필요했다.

결국 로벅은 파산했고 버밍엄 근처의 소호 주조소Soho Foundry를 가지고 있던 매슈 볼턴Matthew Boulton, 1728~1809이 로벅 소유의 지분을 인수했다. 와트는 볼턴이 지분의 3분의 2를 갖고 자신이 3분의 1을 갖는다는 조건으로 동업을 했는데 이 동업은 큰 성공을 거두어 25년간 지속되었다.

당시의 철 가공 기술은 매우 낮은 수준이었기에 와트가 필요로 하는 정밀도의 피스톤과 실린더를 만드는 것은 쉬운 일이 아니었다. 그러나 기계 발명가인 존 윌킨슨John Wilkinson, 1728~1808을 만나면서 그 문제가 해결되었다. 존 윌킨슨은 영국군에 대포를 공급하였으므로 실린더를 정밀 가공할 수 있었다.

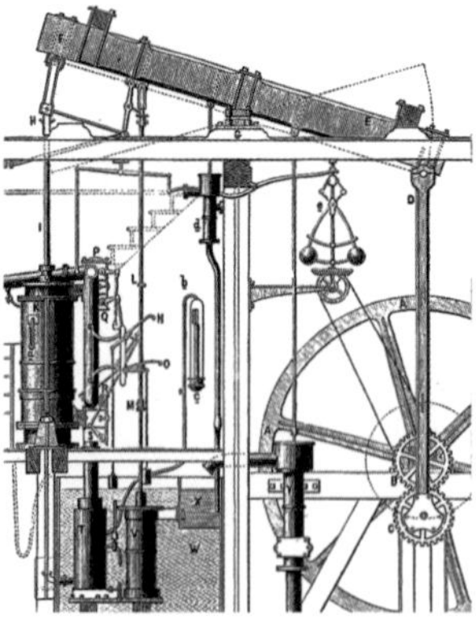

그림 1-17 '태양과 위성' 기어를 가진 회전형 와트 스팀 엔진

마침내 와트는 펌프를 올릴 때 대기압 대신 스팀의 힘을 사용하기 위해 뉴커먼 엔진의 실린더의 열린 부분을 막고 왕복하는 엔진을 발명하였고 1776년, 첫 기계를 성공적으로 설치하여 작동시켰다. 그 기계들은 주로 광산의 물을 퍼내는 데 사용되었다.

나중에 와트는 동업자 볼턴의 충고에 따라 회전하는 스팀 엔진을 개발하였는데 그때 크랭크를 써야 했음에도 제임스 피커드James Pickard가 그에 대한 특허를 가지고 있었고 자신은 피커드에게 외부 응축기condenser의 사용을 허가하려 하지 않아 피커드의 특허를 쓸 수 없었다. 와트는 부득이 두 개의 치차齒車로 된 '태양과 위성'이라는 기어gear 시스템을 사용했다(그림 1-17 참조).

이렇게 만들어진 것이 1781년에 최초로 가동된 회전형 스팀 엔진이었다. 이로써 와트의 스팀 엔진은 광산에서 물을 퍼내는 데 쓰일 뿐 아니라 모든 공장의 동력원으로 사용하게 되었다. 그러나 와트가 스팀의 압력을 높이는 것에는 매우 반대하였고 그의 기계는 대기압보다 약간 높은 압력을 이용했으므로 그 크기가 거대했다.

와트가 뉴커먼 엔진을 처음 개량했던 까닭은 앞에서도 말했듯이 실린더를 식히는 과정에서 생기는 열손실을 줄이기 위한 것이었다. 와트가 고안한 엔진은 별도의 응축기를 두어 실린더 내에 있던 고온의 스팀을 그곳으로 보내 응축시킴으로써 실린더를 냉각시킬 필요가 없었고, 실린더의 벽도 단열이 되게 하여 열손실을 막았다. 실린더의 상부에는 이전처럼 대기압이 작용하고 응축기 부분은 밀폐된 채 스팀이 응축되므로 압력차를 얻을 수 있었다.

뿐만 아니라 피스톤이 왕복할 때 동력을 얻기 위해 피스톤 헤드의 밸브도 닫고 피스톤의 진행 방향에 따라 양쪽에서 스팀이 각각 다른 시기에 실린더로 들어가게 했다. 이렇게 해서 왕복운동 시 모두 동력을 발생할 수 있게 한 것이다.

와트의 생애에서 결정적인 사건들을 살펴보면 다음과 같다.

1754년: 런던에서 과학 계측기를 만드는 수련을 하다.

1763년: 글래스고대학의 뉴커먼 엔진을 수리하고 그 개량에 대한 아이디어를 얻다.

1769년: 스팀 엔진에 별도로 독립된 응축기를 사용하는 특허를 신청하다.

1774년: 매슈 볼턴과 합작으로 와트 스팀 엔진을 생산하다.

1781년: 피스톤의 왕복운동을 원운동으로 바꾸다.

1782년: 피스톤이 왕복할 때 각각 동력을 얻는 양면 엔진을 발명하다.

1784년: 증기기관차와 관련한 특허를 신청하다.

1788년: 원심력 속도 조절 장치Centrifugal governor를 사용하다.

스팀 엔진은 보일러의 온도에 따라 들어오는 스팀의 압력이 달라지고 회전 속도가 바뀌게 되는데 이것을 자동으로 조절하는 것이 원심력 속도 조절 장치이다.

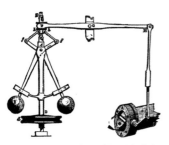

그림 1-18 속도 자동 조절 장치

속도 자동 조절 장치(그림 1-18 참조)는 무거운 두 개의 구球가 적당한 길이의 추의 상태로 지지되어 있는 것으로, 스팀 엔진의 회전이 구가 달린 축을 돌리게 되어 있다.

스팀 엔진의 회전 속도가 빨라지면 이 구의 축 주위를 도는 속도도 빨라져서 원심력에 의해 구가 위로 올라가게 된다. 이러한 움직임이 지렛대의 원리에 따라 스팀의 입구 밸브를 열고 닫게 하여 속도를 일정하게 유지시킨다. 와트 엔진에도 이 장치가 부착되어 있는 것을 볼 수 있다.

이렇게 해서 와트의 엔진은 1780년대 중반에 완성되었고, 그 뒤로는 약간의 변형이나 크기의 조정 외에 별 다른 진전은 없었다.

스팀 엔진의 발명은 영국을 산업혁명의 본거지로 만들었다. 스팀 엔진이 각 공장에서 쓰이게 되자 자연히 물건을 운반하는 데에도 이를 사용하려는 시도가 잇따랐다. 그러나 부피와 중량이 거대한 제임스 와트의

그림 1-19 1836년경 영국 랭커셔의 방직공장을 묘사한 그림.
산업혁명의 주역인 스팀 엔진이 방직기를 돌리는 데 사용되고 있다.

기계는 소형의 마차를 대신하는 데 큰 역할을 하지 못하였다. 중량을 줄이고 출력을 높이기 위해서는 보다 높은 압력의 스팀을 이용하지 않으면 안 되었다.

다음 장에서는 스팀 엔진을, 여러 가지 인간의 힘을 덜어주는 수단으로 이용하려던 노력들을 살펴보기로 한다.

2장

스팀 엔진의 이용(I)

공장의 동력원

스팀 엔진의 발달은 이전에 주로 가내공업이나 수차, 풍차 등에 의존하던 일들을 공장에서 대량생산 하는 것을 가능하게 했다. 또 앞에서도 언급한 것처럼 공장의 위치는 물의 힘을 이용해 수차를 돌릴 수 있는 개울가 등으로 국한되어 있었으나 스팀 엔진은 이러한 입지 조건도 바꿔놓았다. 그 결과, 영국에서 시작된 산업혁명은 유럽과 북아메리카를 비롯한 전 세계로 퍼졌다.

이것을 가능하게 한 가장 직접적인 원인의 하나가 제임스 와트에 의한 스팀 엔진의 개량이었다. 그 변화는 방직산업, 석탄과 철의 생산으로부터 시작되어 운하와 철로와 도로의 개량을 불러왔고 기타 공산품의 생산량을 크게 증가시켰다.

산업혁명이 처음 시작된 때는 18세기 중반 이후였는데 1850년경에는 제2차 산업혁명이 일어났다. 첫 번째 산업혁명이 스팀 엔진과 이를 이용한 공장, 배나 철도 등의 운송 수단의 발전에 따른 것이었다면 두 번째 산업혁명은 19세기 말경에 발전된 내연기관과 전기 모터 등에 따른 것이었다. 내연기관과 전기 모터의 등장은 스팀 엔진의 쇠퇴를 급속하게 촉진했다.

같은 부피나 중량의 내연기관이나 전기 모터는 스팀 엔진보다 훨씬 더 큰 힘을 낼 수 있었고, 보일러와 같은 거추장스러운 별도의 장치가 필요 없었을 뿐더러 이동성과 효율성도 높아 스팀 터빈을 제외한 거의 모든 스팀 엔진은 사라지게 되었다.

스팀 터빈은 열 변환 효율성이 높아 현재 화력발전의 80퍼센트 이상이 이 터빈을 사용하고 있다. 원자력발전소나 원자력잠수함·항공모함 등도 물론 전부 스팀 터빈을 사용한다.

전기 모터는 어디에나 간단하게 설치할 수 있고 소음도 없으며 공해도 발생하지 않아 세계 대부분의 공장에서 동력으로 이용되고 있으며, 내연기관에 비해 쓰임새가 적은 분야는 자동차와 같은 소형의 운송기관뿐이다.

다음은 스팀 엔진의 사용에 따른 발전 상황을 살펴보기로 한다.

교통기관으로의 발전

증기자동차

와트-볼턴의 회전 엔진(매슈 볼턴의 권유로 와트가 왕복운동을 원운동으로 바꾸기 위해 치차형 크랭크를 사용한 엔진)이 보급되면서 이러한 엔진으로 움직이는 기계적인 마차, 곧 증기자동차에 이용하려는 노력이 이어졌다. 그러나 훨씬 전에 이를 최초로 제안한 사람이 있었는데 다름 아닌 아이작 뉴턴Sir Issac Newton, 1643~1727이었다.

그는 1680년, 운동의 제3법칙을 이용한 반작용식 스팀제트(steam jet, 증기 분사) 자동차를 구상하고 발표했다. 그러나 그에 관한 기록이 존재하지 않는 것으로 보아 실제로 만들어지지는 않은 것 같다.

진화론을 주장한 찰스 다윈Charles Darwin의 할아버지인, 의사이자 시인

그림 2-1 뉴턴의 증기자동차(1680년)

이며 과학자인 에라스무스 다윈Erasmus Darwin, 1731~1802은 1765년, 나중에 와트의 동업자가 된 볼턴Matthew Boulton에게 '불의 마차Fiery Chariot'를 만들 것을 권유했다고 한다.

그 뒤로도 여러 사람이 스팀 엔진을 이용한 자동차를 구상하였으나 실제로 이를 처음으로 만든 사람은 프랑스의 육군 장교인 니콜라 조제프 퀴뇨Nicolas-Joseph Cugnot, 1725~1804였다. 그는 당시 전쟁성戰爭省 장관이던 슈아죌

그림 2-2 퀴뇨의 증기자동차(1770년)

Claude-Antoine-Gabriel de Choiseul의 후원으로 1770년, 대포의 운반에 사용할 증기자동차(그림 2-2 참조)를 만들었다.

그가 처음 이 차로 대포를 운반하면서 시속 2~3킬로미터 정도의 속도로 이동했을 때 상당한 반향을 일으켰다고 한다. 당시 사람이나 말의 힘으로는 무거운 대포를 그 같은 속력으로 끌 수가 없었다.

그러나 차의 보일러가 하중에 비해 너무 작았고 또 바퀴가 하나만 있는 차(삼륜차)의 앞쪽이 너무 무거워 빠른 운전은 할 수 없었다. 거기다가 지지자이고 후원자인 슈아죌의 죽음으로 퀴뇨는 더 이상 개량된 모델을 만들 기회를 갖지 못했다.

제임스 와트도 1784년 기관차 엔진과 관련한 특허를 요구했으나 실제로 개량된 증기자동차를 만든 사람은 그를 도왔던 윌리엄 머독William Murdoch, 1754~1839이었으며, 머독의 차는 시속 10~13킬로미터로 달릴 수 있었다고 한다. 여기에 사용된 엔진은 '메뚜기빔 엔진'이라 불리는 것으로 미국의 올리버 에번스 방식의 것이었다.

그림 2-3 머독의 증기자동차(1784년)

그림 2-4 메뚜기빔 엔진의 구조

올리버 에번스Oliver Evans, 1755~1819는 와트와는 달리 응축이 필요 없는 엔진을 사용했다. 이 차는 상당한 속도를 낼 수 있었다고 전해지는데 현재는 영국 런던의 사우스켄싱턴에 있는 특허박물관에 보관되어 있다.

미국에서 에번스는 1800년경부터 응축기가 없는 엔진(그림 2-5 참조)을 사용했다. 이 엔진은 스팀의 팽창력을 이용하므로 엔진의 부피나 중량에 대한 출력이 훨씬 커서 와트의 엔진보다는 움직이는 차에 쓰기 적합했다. 그러나 이 엔진도 커다란 지지대가 있었다.

에번스가 만든 '오룩터 앰피볼로스Oruktor Amphibolos'라 불린 배(그림 2-6 참조)는 강의 침적물을 제거하기 위한 것으로 5마력짜리 엔진을 장착했으며(그림에서 엔진의 크기를 사람과 비교해보면 그 크기가 어느 정도였는지 알 수 있다) 육지에서는 바퀴로 움직이고 강에서는 앞에 있는 프로펠러로 움직

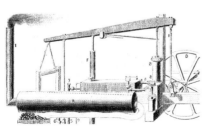

그림 2-5 에번스의 비응축 엔진(1800년)

그림 2-6 에번스의 오룩터 앰피볼로스(1804년)

그림 2-7
트레비식의 증기자동차(1803년)

였다. 이것은 아마도 세계 최초의 수륙양용차일 것이다.

에번스는 '미국의 와트'라고 일컬어질 정도로 스팀 엔진 개발과 이용에 전력했으나 와트와 같은 성공은 거두지 못하고 1819년 4월 19일 세상을 떠났다.

1803년에는 와트와 머독의 제자인 리처드 트레비식이 그의 이름을 딴 보일러를 탑재한 증기차로 캠본Camborne에서 플리머스Plymouth까지 90마일을 갔다고 한다. 그는 처음으로 고압력의 스팀 엔진을 사용했다.

1825년에는 영국 콘월의 엔지니어인 골즈워디 거니Sir Goldsworthy Gurney, 1793~1875 가 트레비식의 고압력 스팀 엔진을 장착한 차를 처음 만들었다. 초기에는 고압력 보일러의 위험성 때문에 사람들이 꺼렸으나 차차 그 안정성이 알려지면서 마차를 대신해 이용되었다.

거니의 1828년의 증기자동차는 그 장치들의 배치가 매우 우수했다고 하며, 구획된 보일러sectioned boiler를 사용한 최초의 모델들 중 하나로 꼽힌다(그림 2-9 참조). 구획된 보일러는 그때 사용하던, 한 개의 통으로 된

그림 2-8 거니의 증기자동차 삽화

그림 2-9 거니의 증기자동차

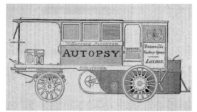

그림 2-10
행콕의 증기자동차 'Autopsy'(1833년)

그림 2-11
행콕의 증기자동차 'ERA'(1834년)

커다란 보일러에 비해 폭발 위험성이 훨씬 적었다.

하지만 마차처럼 일반도로에 증기자동차를 사용하려고 한 시도 중에 가장 성공을 거둔 사람은 영국의 월터 행콕Walter Hancock, 1799~1852이었다. 그는 런던과 패딩턴Paddington 사이를 정기적으로 왕복하는 증기차 회사를 설립해 운영했다.

당시 그의 차는 평균 시속 18~20킬로미터 정도의 속도로 하루에 40~50마일 정도의 거리를 달릴 수 있었다. 1836년에는 런던-패딩턴 간을 정기적으로 운행했고 5개월간 이즐링턴Islington까지 525번의 여행으로 4200마일을 기록했다. 그 밖에 런던에서 스트랫퍼드Stratford까지도 44번이나 왕복했다.

증기자동차의 사용이 늘면서 마차와 도로 사용에 대한 사회적 분쟁이 일게 되자 증기자동차를 일반도로에 허용해야 하는가에 대한 논의가 시작되었다. 도로의 손상 등 종합적인 검토를 하기 위한 위원회가 설립되었고, 위원회의 검토 결과 다음과 같은 결론을 얻었다.

1. 증기자동차는 보통 도로에서 시속 16킬로미터 정도의 속도로 운행이 가능하다.

2. 이 속도로 약 14명까지의 손님을 태울 수 있다.

3. 엔진과 물과 손님을 태운 총 중량은 3톤 이하여야 한다.

4. 크게 경사진 길도 안전하고 쉽게 오르내릴 수 있다.

5. 고객을 위해서는 안전하다.

6. 일반 사람들에게 피해가 없다.

7. 마차에 비해 빠르고 값이 싸다.

8. 마차보다 폭이 넓은 바퀴를 이용하여 도로에 대한 손상이 말발굽에 비해 적다.

9. 모든 도로에서 마차에 부과하던 사용료를 증기자동차에도 부과할 수 있다.

그러나 당시의 도로 사정과 나무로 만든 바퀴를 가진 차로는 많은 불편이 따랐고 또 그 수를 늘린다는 것도 쉬운 일이 아니었다. 이와는 달리 도로를 이용하지 않고 철로로 된 궤도를 이용하면 훨씬 안락하고 안전한 주행을 할 수 있었으므로 철로를 건설하자는 움직임이 우세하여 결국 일반도로를 달리는 증기자동차는 한계에 이르고 말았다. 자동차의 발달은 그 후 18세기 말에 나온 내연기관을 기다려야 했다.

사람이나 말의 힘으로 끌던 소방차는 스팀 엔진을 사용하면서 큰 이점을 확보했다. 1830년경 이미 영국 런던의 존 에릭슨John Ericsson, 1803~1889은 스팀 엔진과 스팀 펌프를 이용한 소방차를 만들었다. 그는 직경 7인치의 피스톤을 엔진으로 사용했고 6.5인치의 피스톤을 펌프로 사용했다. 이 차의 무게는 2.5톤이나 되었는데 1분간 150갤런(gallon, 영국에서 1gal은 약 4.545리터)의 물을 80~100피트 높이까지 뿜을 수 있었다고 한다.

그림 2-12 라타의 증기 소방차　　　　　　그림 2-13 아모스키그 소방차

　　뉴욕과 필라델피아에서도 1841년에 소방차가 만들어졌고 1860년에는 자체적으로 움직이는 소방차가 만들어졌다. 특히 라타Alexander Bonner Latta, 1821~1865의 소방차를 사용해본 신시내티Cincinnati시는 스팀을 이용하여 자체적으로 움직이는 소방차를 전적으로 사용할 것을 결정했다고 한다.

　　당시 아모스키그사Amoskeag Co.가 만들었던 소방차는 무게가 4톤, 속도가 시속 약 13킬로미터, 스팀 압력이 제곱인치당 75파운드(pound, 무게의 단위로 1파운드는 약 453g에 해당한다)였고 1.25인치 노즐로는 225피트 높이까지, 1.75인치 노즐로는 150피트 높이까지 뿜을 수 있었다고 한다. 또 수평으로 1.25인치 노즐로는 300피트, 1.75인치 노즐로는 250피트까지 뿜을 수 있었다고 한다.

증기기관차와 철도의 등장

　　궤도차Tramways라 불리는 것은 16세기 중반(1556년경) 독일에서 이용되었는데 주로 광산의 광석을 운반하기 위한 것이었다. 당시는 나무로 된 레일을 썼다.

　　이것이 영국에 들어온 것은 대략 1600년 초의 일이다. 그때는 이러한

그림 2-14 말이 끄는 궤도차(1625년경)　　　　그림 2-15 트레비식의 기관차(1804년)

차를 말이 끌거나 사람이 끌었다. 1700년대에 들어와서는 궤도차가 영국의 광산, 채석장에서도 운행되었다. 잉글랜드 북동부의 뉴캐슬어폰타인New castle upon Tyne 근처에는 이러한 차들이 특히 많았다. 런던으로 탄광의 석탄을 싣고 가는 배가 있는 부두까지 궤도차로 옮겼기 때문이다.

　궤도차로 물건을 운반하는 일은 훨씬 에너지가 덜 들고 안전하며 많은 양을 한꺼번에 옮길 수 있었으므로 철도에 대한 수요가 늘게 되었다.

　증기기관차가 다니는 철로를 세계에서 처음으로 건설한 사람은 영국의 리처드 트레비식이다. 그는 1804년, 웨일스의 페니다렌Penydarren에 최초로 철도를 개설했다.

　트레비식의 기관차Locomotive는 보일러의 압력이 40파운드인 비응축 엔진을 가지고 있었다(참고로 1기압은 제곱인치당 14.7파운드이다). 트레비식은 이미 보다 훨씬 높은 압력인 50~145파운드의 엔진을 만든 일도 있었다. 그는 1808년에는 런던의 토링턴 광장에 철로를 설치했다. 이때의 엔진은 무게가 약 10톤이고 시속 19~24킬로미터의 속도로 광장을 순환하는 철로 위를 달렸으며 최고 속도는 시속 32킬로미터 정도까지 가능했다.

　그 후로도 여러 사람들의 시도가 있었으나 철도다운 철도를 완성한 사람은 조지 스티븐슨George Stephenson으로 인정되고 있다.

1814년, 스티븐슨은 트레비식과 머레이Matthew Murray, 1765~1826년, 헤들리William Hedley, 1779~1843년 등의 기관차를 보고 감명을 받아 바퀴에 홈이 있는flanged-wheel 기관차를 처음으로 만들었다. 그는 증기기관차 보급에 중요한 역할을 하였으며, 1825년에는

그림 2-16
스톡턴-달링턴 철도의 개통 장면(1825년)

세계 최초의 공공 철도인 스톡턴과 달링턴 철도Stockton-Darlington Railway를 이용하는 기관차(그림 2-17 참조)를 만들었다.

스톡턴-달링턴 철도의 성공은 곧 급격히 산업화하고 있던 영국 북서부의 방직공장 지대인 맨체스터와 면화를 수입하던 항구 도시 리버풀을 잇는 철도의 건설을 촉진한다. 리버풀-맨체스터 철도(회사)는 최초의 현대식 철도로, 화물 수송과 여객 수송도 정기적으로 운행되었다(1830년 9월 15일 개통).

이때 장거리 운행에 대한 우려로 기관차 선정이 상당히 조심스럽게 이루어졌고 그 결과, 스티븐슨이 제작한 기관차 '로켓Rocket'이 선택되었는데 여러 관이 평행으로 배열된 안정성 높은 멀티 튜뷸러 보일러Multi tubular boiler를 탑재한 것이 그 이유였다.

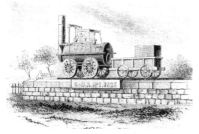

그림 2-17 'locomotion'이라 불린 스티븐슨의
제1호 기관차(1825년)

그림 2-18 멀티 튜뷸러 보일러를 탑재한 기관차.
보일러의 구조를 잘 보이고 있다.

리버풀-맨체스터 철도는 처음에는 주로 면화나 직물을 수송하려는 목적이었으나 곧 많은 승객이 이용하게 되었다. 이로써 철도가 화물 수송뿐 아니라 여객 수송의 용도도 있다는 것이 분명해졌고 영국은 물론 전 세계의 이목을 끌었다. 1837년에는 리버풀-맨체스터 철도보다 훨씬 긴 그랜드정크선Grand Junction 철도가 개통되어 맨체스터와 버밍엄을 이어주었다.

이후 유럽과 미국을 비롯해 세계 각국에서 철도의 건설은 비약적인 발전을 한다.

미국의 예를 들면, 1830년경 39.8마일의 철로가 있었으나 10년 뒤인 1840년에는 2755마일로 늘어났고 20년 뒤인 1860년에는 2만 8919마일, 또 그로부터 20년 뒤인 1880년에는 8만 7801마일(14만 1302킬로미터)로 지구를 세 바퀴 반을 도는 길이에 이르게 되었다.

우리나라는 스톡턴-달링턴 철도가 개통된 지 74년 뒤인 1899년 9월 18일, 경인선인 노량진-제물포('인천'의 옛 이름) 간 33.8킬로미터 구간을 개통한 것이 시작이었다. 서울의 서대문에서 부산의 초량 간의 경부선은 1905년 개통되었고 경의선은 1906년, 경원선과 호남선은 1914년 완성되었다.

많은 사람들이 철도의 개발에 공헌하였으나 철도에 사용할 수 있는 스팀 엔진의 개발에 절대적인 공헌을 한 것은 가장 처음 고압 스팀을 이용한 엔진을 만들었던 리처드 트레비식과 조지 스티븐슨일 것이다. 그들의 약력을 자세히 알아보기로 한다.

그림 2-19 리처드 트레비식　　　　　　　**그림 2-20** 조지 스티븐슨

리처드 트레비식Richard Trevithick, 1771~1833은 1771년 영국 콘월의 탄광촌인 캠본에서 태어났다. 그의 아버지는 탄광의 책임자였고 그는 여섯 형제자매 중 막내이자 유일한 아들이었다.

트레비식은 학교 성적은 좋지 않았지만 어릴 때부터 기계 분야에서 소질을 보였다. 19세 때 처음으로 광산에서 일을 했는데 그의 열성과 기계에 대한 빠른 이해와 습득으로 곧 광산에서 상담사의 지위를 얻었을 뿐 아니라 스팀 엔진을 개량하고 유지하는 책임을 맡았다.

그의 아버지는 당시 제임스 와트의 제자인 머독이 탄광에서 물을 퍼내는 스팀 엔진으로 작동되는 펌프를 설치하는 일을 거들게 했고 그것이 계기가 되어 그는 한때 머독의 옆집에서 살기도 했다. 그러다가 머독이 와트와 함께 처음으로 시험적인 증기차를 만들었을 때 그 증기차를 상세히 볼 수 있는 기회를 가졌다.

와트와 머독이 만든 엔진은 스팀의 압력이 낮은 기관이었으므로 트레비식은 스팀의 압력이 훨씬 높은 엔진을 만들기로 했다. 그동안 보일러의 잦은 폭발 사고와 와트의 고압 스팀에 대한 거부감으로 머독의 증기차는 압력이 높지 않았다.

트레비식은 1799년에 이미 고압의 스팀을 사용하는 엔진을 만들었다.

1802년에는 페니다렌 제철소의 해머를 작동시키기 위한 스팀 엔진을 만들었는데 제철소의 주인인 사무엘 홈프레이Samuel Homfray가 그것을 차에 탑재하여 증기차로 바꾸었다.

다음 해인 1803년에 트레비식은 이 증기차의 특허를 홈프레이에게 팔았다. 같은 해에는 고정된 펌프를 작동시키는 스팀 엔진을 만들었으나 폭발 사고로 4명이 죽는 일이 발생하였다. 그의 경쟁자들(와트와 볼턴)은 그 사고를 기회로 고압 스팀의 위험성을 부각시켰으나 그는 다른 안전장치를 추가하고 계속 고압의 엔진 개발에 몰두했다.

한편 홈프레이는 그 차에 너무나 깊은 인상을 받은 나머지 또 다른 제철소 주인과 내기를 하여 트레비식의 차로 10톤의 짐을 싣고 약 10마일 거리의 페니다렌과 애버시넌Abercynon 사이를 갈 수 있다고 장담하기에 이른다.

마침내 1804년 2월 21일, 일반인들과 정부 관료들이 지켜보는 앞에서 10톤의 철제물과 70명의 사람을 실은 5대의 차는 4시간 5분에 걸쳐 운반에 성공했다. 이로써 고압 보일러의 안전성도 증명된 셈이었다. 그러나 기관차의 무게로 원래 마차 이동을 목적으로 만든 철로가 손상을 많이 입자, 엔진을 다시 떼어 원래의 목적으로 사용하고 짐의 운반은 이전처럼 마차에 의존했다.

그림 2-21
1804년의 트레비식 기관차(재현)

1806년에는 템스강의 침전물을 제거하는 엔진을 만드는 계약을 정부와 맺었으며, 1808년에는 런던의 토링턴 스퀘어Torrington Square 철도를 놓고 'Catch me who can'이라는 이름의 기관차를 운행했다. 이 기관차는 무게가 10톤으로 토링턴 스퀘어의 주위를 도는 철로에서 시속 19~24킬로미터로 달렸으며 시속 32킬로미터까지 가능하다는 주장이 나오기도 했다.

그림 2-22 트레비식의 기관차
'Catch me who can'

나중에 탈선으로 철로가 손상되었는데 수리할 비용이 없어 다시 운행되지 못했다. 이 차의 엔진은 실린더의 직경이 14인치였고 행정의 길이가 4피트나 되었다. 그 뒤로 트레비식은 고압 스팀을 이용한 엔진을 다른 용도로도 많이 사용하였다. 그는 실험을 통해 무거운 화물을 적재한 화차를 끌 때 철로와 바퀴 사이에 별다른 장치를 하지 않아도 기관차의 무게만으로 미끄러지지 않고 끌 수 있다는 사실을 알아냈다.

그는 또 런던의 템스강을 가로지르는 터널 공사를 하기로 했다가 실패하고 증기선蒸氣船 제작에 열중하였으며, 남아메리카로 가서 몇 년을 그곳에서 보내기도 하였다. 이후 영국으로 돌아왔으나 가난에 시달리다 1833년 4월, 62세로 일생을 마쳤다.

실제로 최초의 성공적인 공공 철도와 기관차의 제작자는 조지 스티븐슨으로 알려져 있다. 그는 1814년 영국의 킬링워스Killingworth에서 자신의 첫 엔진을 만들었는데 그때 철도의 폭으로 사용한 레일 게이지Rail gauge인 4피트 8과 4분의 1인치(1435밀리미터)는 '스티븐슨 게이지'라고 하여 지금도 세계 철도의 기준으로 사용되고 있다.

조지 스티븐슨George Stephenson, 1781~1848은 1781년 6월 9일, 영국 뉴캐슬어폰타인에서 광부의 아들로 태어났다. 그의 부모는 교육을 전혀 받지 못하고 글조차 읽을 수 없었다고 하며, 그도 17세까지 교육을 받지 못했다. 그러나 엔진 운전사로 일을 하게 된 뒤에는 야간 학교를 다녔고 1801년, 블랙 캘러턴Black Callerton 철도회사의 브레이크맨brakeman이 되었다. 이듬해 결혼 후에는 생계를 위해 부업으로 구두 수선 하는 일을 했다.

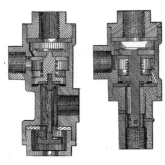

그림 2-23
웨스팅하우스의 에어 브레이크

당시에는 기차를 정지시키기 위해 화물칸 지붕에서 손으로 돌리는 브레이크를 사용했다. 이렇게 브레이크를 돌리는 사람을 '브레이크맨'이라고 했는데 미국의 조지 웨스팅하우스George Westinghouse, 1846~1914가 1869년, 공기나 스팀으로 기차를 멈추게 할 수 있는 공기 압축 브레이크를 발명한 뒤로 브레이크맨은 필요가 없게 되었다.

1811년, 스티븐슨은 킬링워스에 살면서 그곳 광산의 물을 푸는 펌프가 고장 난 것을 고친 일을 계기로 기술을 인정받아 근처 광산의 엔진 책임자가 되었고 증기기관에 점차 통달하였다.

그때 광산에서는 광부들이 쓰던 램프(아세틸렌 불꽃의 램프) 때문에 폭발 사고가 잦았다. 스티븐슨은 이를 개량해 폭발이 일어나지 않는 램프를 발명했는데 당대의 유명 과학자인 험프리 데이비 경Sir Humphry Davy, 1778~1829이 자신이 발명한 것을 스티븐슨이 도용했다고 주장하며 발명의 공으로 정부가 주는 2000파운드의 상을 탔다. 하지만 데이비 경이 영국 왕립협회에 보고한 시점은 스티븐슨이 광산에서 실제로 실험해 보인

2개월 뒤였다. 이후 스티븐슨이 데이비와는 별도로 독자적으로 개발했다는 것이 밝혀지면서 1000파운드의 상금을 받았다.

트레비식이 1804년 광산을 위해 만들었던 기관차는 많은 사람들에게 큰 인상을 남겼고, 스티븐슨도 1814년 석탄을 나르는 그의 첫 기관차를 만들었다. 스티븐슨의 기관차는 30톤의 석탄을 싣고 오르막길을 시속 6킬로미터 정도의 속도로 오를 수 있었다. 그는 킬링워스에서만 16대의 기관차를 만들었는데 당시 주물로 된 철로가 기관차의 무게를 견디지 못하고 부러지는 일이 많아 스티븐슨은 그것을 개량해야만 했다.

스티븐슨은 헤턴 탄광에서 선덜랜드까지 8마일의 철로도 건설했는데 이것이 동물의 힘을 전혀 빌리지 않은 최초의 철도가 되었다고 한다.

1821년에는 스톡턴과 달링턴 간 길이 25마일에 이르는 철로를 놓기 시작해 1825년 9월 27일 개통했다. 이때 석탄과 밀가루 80톤을 싣고 약 9마일의 거리를 2시간에 달리는 기록을 세웠다. 이 열차는 사람을 싣는 여객 전용칸을 처음으로 달고 많은 명사들을 태움으로써 세계 최초의 여객차가 되었다.

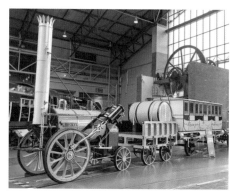

그림 2-24 스티븐슨의 로켓 기관차(재현)

또 1829년, 앞서 언급했듯이 영국(스코틀랜드)의 산업 중심지인 리버풀과 맨체스터를 잇는 리버풀-맨체스터 철도가 완성되었을 때에는 스티븐슨이 만든 기관차 로켓이 선정되어 개설 기념으로 당시의 영국 수상을 비롯한 많은 명사들이 참석하였다. 이로써 스티븐슨은 큰 명성을 얻고 철도회사의 최고 엔지니어의 자리에 올랐다.

이후 영국은 물론 미국의 많은 철도 개척자들이 그를 찾아와 철도 건설에 대한 자문을 받았는데 처음 미국에서 사용된 기관차들은 거의가 다 스티븐슨이 만든 것이었다.

19세기 말과 20세기 초에는 고압의 스팀 보일러가 개발되고 기관차도 많이 개량되어 시속 100킬로미터 이상의 속도로 안전하게 달리면서 전 세계는 그야말로 철도의 시대를 맞게 되었다. 그러나 스팀 엔진의 열효율이 극히 낮고 또 석탄을 때며 내뿜는 연기에 따른 피해가 극심했다.

결국 열효율이 훨씬 높고 공해가 덜한 디젤 엔진이 개발되면서 스팀엔진을 대체하였고 오늘날은 전기 전동차로 바뀌고 있다.

역사적인 증기기관차들

로켓 기관차는 1829년, 로버트 스티븐슨 회사Robert Stephenson and Company에서 만들었는데 2.53인치의 동관을 사용한 보일러의 길이가 8피트, 직경이 40인치였다. 이 기관차는 10월 6일 처음 시험에서 30명의 승객을 싣고 시속 40~48킬로미터 정도의 속도로 달렸다. 이틀 후인 8일에는 13톤의 화물을 싣고 평균 시속 24킬로미터 그리고 최고 시속 47킬로미터로 달릴 수 있었다.

그림 2-25 스티븐슨의 로켓 기관차(1829년)

그림 2-26 웨스트포인트 기관차(1831년)

그 뒤 1837년까지 운행되다가 다른 철도 회사에 팔렸는데 그 노선에서 4마일을 4.5분에 주파한 기록을 가지고 있다. 지금은 런던 사우스켄싱턴에 있는 특허박물관에 진열되어 있다.

1831년에 가동된 웨스트포인트 제철사의 기관차는 허레이쇼 앨런Horatio Allen, 1802~1844이 설계하였으며 수평으로 된 튜브 보일러를 사용했다. 이 기관차는 제철소의 화물을 날랐고 주인은 그것에 만족했다고 한다.

애틀랜틱 기관차는 1832년 9월에 운전을 시작했는데 '메뚜기 엔진 Grasshopper Engine'이 장착되었고, 50톤의 화물을 싣고 볼티모어에서 마일 당 32피트의 경사가 진 철로를 시속 19~24킬로미터 정도로 달렸다고 한다. 엔진 자체의 무게는 6.5톤으로 제곱인치당 50파운드의 스팀 압력을 이용했으며, 42마리의 말이 한 번 나르는 데 33달러의 비용이 들던 것을 그 절반인 16달러로 할 수 있었다고 한다. 기관차는 피니어스 데이비스Phineas Davis, 1792~1835가 설계했고 값은 4500달러였다.

그림 2-27 애틀랜틱 기관차(1832년)

한편, 스티븐슨이 사용한 레일(그림 2-28 참조)은 현재의 레일과 그 구조가 같았다. 기관차의 무게가 무거워지면서 레일의 파손이 잇따랐기 때문에 스티븐슨은 레일의 개량에도 힘을 쓰지 않으면 안 되었다.

그림 2-28 스티븐슨의 철로와 레일의 단면

스티븐슨 이전에는 보통 원반 모양의 바퀴와 홈이 파인 궤도를 이용했다. 플랜지휠Flanged wheel을 처음으로 사용한 것은 스티븐슨이었다.

다음은 이후 20세기 초까지의 기관차들의 발전상을 간략하게 소개한다.

1920년대 말에는 스팀 엔진이 아닌 스팀 터빈을 이용한 기관차들이 개발되었으나 전성기를 누리지 못하고 나중에 개발된 디젤기관차에 그 자리를 내주고 말았다.

그림 2-29 1830년대의 열차

그림 2-30 1846년경의 기관차

그림 2-31 1853년경의 기관차

그림 2-32 1872년경의 기관차

그림 2-33 1898년경의 기관차

그림 2-34 1929년 스팀 터빈형의 T18-1002 기관차

그림 2-35 1930년대의 기관차

독일의 T18-1002 기관차는 1929년에 제작되어 1934년까지 약 6만 킬로미터 이상을 달렸고 스팀 압력은 제곱인치당 323파운드였으나 열효율은 왕복형 피스톤 엔진에 비해 떨어졌다고 한다.

참고로 스팀 터빈은 고속으로 회전함으로써 실제 사용 시에는 회전 속도를 많이 줄여야 하는 불편이 있고, 또 저속에서는 효율이 심하게 떨어지지만 기관차가 저속으로 갈 때도 터빈은 고속 회전을 하여 스팀이 낭비되므로 기관차의 엔진으로는 적합하지 않다.

이에 비해 장시간 일정 속도로 운전하는 발전기나 오랜 기간 정해진 속도로 운항하는 큰 증기선에는 비교적 적합하다. 곧 속도나 하중荷重의 변화가 많은 경우 스팀 터빈은 원래의 효율을 낼 수 없다는 단점을 가지고 있다.

1930년대에 남아메리카의 아르헨티나에서 운행된 Baldwin Locomotive Works사의 기관차는 석탄 대신 증유를 연료로 사용했다.

3장

스팀 엔진의 이용(II)

증기선의 출현과 발달

스팀 엔진의 발달은 육상교통뿐 아니라 해상교통에도 영향을 미쳤다.

1700년 초부터 프랑스의 드니 파팽은 세이버리의 펌프와 비슷한 엔진으로 물을 퍼 올려 수차를 돌리는 것으로 배를 추진시키는 실험을 했으나 실용성이 없었다. 1736년에는 조너선 홀스Jonathan Hulls, 1699~1758가 뉴커먼 엔진을 동력으로 하는 배를 실험했으나 엔진의 크기에 비해 출력이 낮아 성공을 거두지 못했다. 미국의 윌리엄 헨리William Henry, 1774~1836도 1763년, 와트의 엔진을 장착한 배를 만들려고 하였으나 도중에 침몰해 실패했다.

그러다가 1774년, 프랑스의 클로드 드 조프루아Claude de Jouffroy, 1751~1832가 패들Paddle이 달린 스팀보트Steamboat를 처음 만들었다. 그의 보트 '팔미페드Palmipede'는 1776년에 성공적으로 두doubs강을 거슬러 올라갔다.

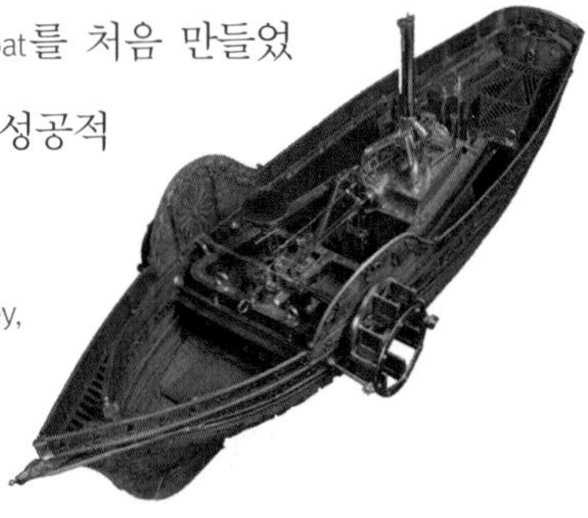

미국에서는 1784년에 제임스 럼지James Rumsey, 1743~1792가 펌프로 물을 뒤로 퍼내는 배를 만들어 포토맥Potomac강을 거슬러 올라가는데 성공했다.

그림 3-1 원형대로 재현한 조프루아의 패들보트

1788년에는 존 피치John Fitch, 1743~1798가 만

든 스팀보트가 필라델피아에서 뉴저지주의 벌링턴까지 델라웨어강을 왕복하는 정기여객선으로 운항했다. 승선 인원은 30명 정도였고 평균 시속은 약 11~14킬로미터였다. 얼마 되지 않은 운항 기간 동안 이 배는 3000킬로미터 이상을 오갔다고 한다.

같은 해에 존 피치는 옆쪽으로 패들휠Paddle wheel이 달린 배를 만들었으며 1791년, 미국에서 처음으로 스팀보트에 대한 특허를 취득하였다. 이는 제임스 럼지와의 분쟁이 있은 후였는데 그들의 특허 신청은 상당히 유사한 것이었다.

존 피치의 첫 번째 배는 12인치 직경의 실린더를 가진 스팀 엔진을 사용했고, 1788년의 두 번째 배는 18인치 직경의 실린더를 가진 스팀 엔진을 사용했다. 또 첫 번째 배는 길이가 45피트, 폭이 12피트이고 2개의 패들휠이 옆쪽에 있었으나 두 번째 배는 길이가 60피트, 폭이 8피트이고 3개의 패들휠이 뒤쪽에 있었다.

특히 두 번째 배는 첫 시험 운항으로 벌링턴에서 필라델피아까지 20마일을 운행했으나 뒤에 가서 보일러가 멈추는 바람에 돌아올 때는 강물의 흐름에 의존했다고 한다. 그 후 델라웨어강을 오르내리며 운항했는데 평

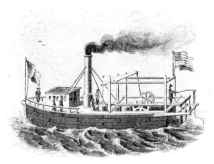

그림 3-2
패들휠이 달린 존 피치의 배(1788년)

그림 3-3 패들휠이 달린 밀러와 테일러, 사이밍턴의 배(1788년)

균 시속은 5~6킬로미터 정도였다.
이와 거의 동시에 밀러와 테일러,
사이밍턴 또한 그들의 패들휠보트
를 만들었다고 기록되어 있다. 존
피치는 이후 스크류(나선형식 프로펠
러)로 추진하는 배(그림 3-4 참조)도
실험했다.

그림 3-4 존 피치의 나선형식 스크류를
가진 배(1796년)

영국에서는 던다스 경Lord Dundas이 엔지니어인 윌리엄 사이밍턴William
Symington, 1764~1831의 엔진으로 1801년 예인선 샬럿 던다스Charlotte Dundas
호를 만들어 포스앤드클라이드 운하Forth and Clyde Canal에서 글래스고까지
70톤의 짐배barge를 예인함으로써 스팀 엔진 배의 실용화에 성공했다.

그로부터 10년 후에는 헨리 벨Henry Bell, 1767~1830이 유럽 최초(미국은 앞
서 말한 것처럼 피치가 먼저 운항했다)의 여객선 코메트Comet 호를 만들어 1812
년 1월 18일부터 운항을 시작했다. 30톤을 실을 수 있었고 길이는 40피
트였다.

코메트호는 동력으로 풍력도 함께 이용하기 위한 돛을 갖추고 있었으

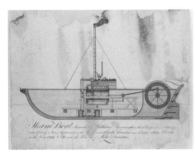

그림 3-5 샬럿 던다스호의 도면(1801년)

그림 3-6 코메트호(1812년)

며(그림 3-6 참조) 배가 제작된 그리녹Greenock에서 글래스고까지 24마일 구간을 운행했다. 이 배의 운항으로 스팀 엔진 배가 여객선으로 안전하다는 것은 증명되었으나 운영에서는 손실이 많았다고 한다.

그는 이에 굴하지 않고 1814년에 배 5척을 더 만들어 스코틀랜드 전역에서 운항시켰다. 1820년에는 영국 전역에서 34척의 스팀 엔진 배가 운항했고 20년 뒤에는 영국 내에만 1325척의 스팀 엔진 배가 운항했다고 기록되어 있다.

증기선의 상용화

증기선Steamship을 상용화하는 데 누구보다 큰 역할을 한 사람은 미국의 로버트 풀턴Robert Fulton, 1765~1815일 것이다. 풀턴은 젊을 때 화가가 되기 위해 파리로 갔으나 얼마 후 엔지니어가 되었다. 그는 새로운 전함을 설계하기도 했고 1800년에는 나폴레옹을 도와 세계 최초의 잠수함인 노틸러스Nautilus 호를 설계했다.

노틸러스호는 최초의 실용적인 잠수함으로도 인정받고 있다. 풀턴은 당시 미국 대사로 가 있던 리빙스턴Robert Livingston의 권유로 미국에 돌아와 증기선을 만들었다. 리빙스턴은 미국 독립선언서 작성자의 한 사

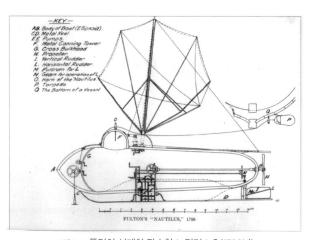

그림 3-7 풀턴이 설계한 잠수함 노틸러스호(1798년)

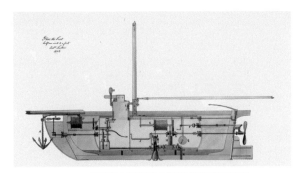
그림 3-8 풀턴이 설계한 잠수함의 단면도(1806년)

람이고 당시는 토머스 제퍼슨 대통령에 의해 프랑스로부터 루이지애나 Louisiana 지역을 사기 위한 교섭을 위해 파리에 대사로 가 있던 때였다.

풀턴의 첫 증기선인 클레르몽Clermont 호는 1807년, 뉴욕시를 출발해 허드슨강을 따라 뉴욕 올버니Albany까지 32시간 만에 도착했다. 평균 속도는 시속 8킬로미터 정도였고 엔진은 영국에서 제작된 와트 엔진이었다.

이러한 성공에 힘입어, 리빙스턴과 풀턴은 증기선 운영을 확장하기로 하고 리빙스턴의 영향력으로 뉴욕주의 강에서 정기적으로 항해할 수 있는 권리를 확보한다. 그 후 풀턴은 허드슨강과 롱아일랜드만灣에서의 증기선의 중요성을 인식하고 더 큰 배를 설계했고, 서부의 강과 호수에서도 그 필요성이 있음을 깨닫고 나서는 1810년 리빙스턴과 함께 니컬러스

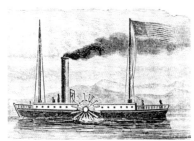
그림 3-9 클레르몽호(1807년)

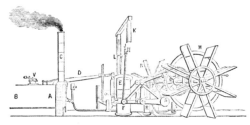
그림 3-10 클레르몽호의 엔진

루스벨트Nicholas Roosevelt, 1767~1854와 합작하여 피츠버그에 조선소를 만들고 그전보다 더 큰 배를 만들었다.

풀턴의 두 번째 증기선은 1811년 피츠버그에서 만든 뉴올리언스New Orleans호였는데 중간에 강바닥이 낮아 좌초되는 등 목적지인 뉴올리언스까지 도착하는 데 3개월이 걸렸다. 돌아올 때는 강이 좁아지고 물살이 센 나체즈Natchez에서 더 이상 진전할 수 없는 것을 알았으나 결국 뉴올리언스와 나체즈 간 증기선을 운항하는 데 성공했다.

이렇게 해서 풀턴은 중서부 개척에도 일조를 하게 된다. 5년 뒤인 1816년에는 미시시피강과 그 지류에만 32만 6443톤의 증기 화물선과 여객선이 운항되었다. 이는 서부 신지역 개척에 큰 힘이 되었다.

증기선과 기차의 역사에서 또 빼놓을 수 없는 사람이 바로 존 스티븐스John Stevens, 1749~1838이다.

스티븐스는 한때 아버지 존 스티븐스 2세 밑에서 기계를 다루는 일을 거들었고 1806년에는 아버지와 함께 세계 최초로 성공적으로 바다를 항해한 증기선 피닉스Phoenix를 만든 사람으로 알려져 있다. 그러나 피닉스호는 로버트 풀턴과 리빙스턴이 뉴욕항의 전용권을 가지고 있어 뉴욕항

그림 3-11 스티븐스의 스크류선

그림 3-12 스티븐스의 트윈-스크류 엔진(1804년)

그림 3-13 스티븐스의 노스아메리카호와 올버니호(1827~1830년)

에서는 운항되지 못했다.

그는 1802년에 처음으로 스크류(프로펠러)로 추진하는 증기선을 만들었으며 1806년에 만든 피닉스호로 1809년 호보컨에서 필라델피아로 항해함으로써 증기선에 의한 최초의 해양 항해에 성공하였다. 1811년에는 그가 만든 증기선 율리아나Juliana 호가 뉴욕시와 뉴저지의 호보컨을 왕복하는 정기적인 페리ferry선이 되었다.

그 후에도 스티븐스는 스팀 엔진 개량에 많은 노력을 기울여 1822년에는 'Skeleton Beam Engine'이라는 가볍고 견고하며 우아한 느낌을 주는 엔진을 개발해 호보컨Hoboken 호에 장착했다.

1827년에 건조한 노스아메리카North America 호는 그가 만든 가장 크고 가장 성공적인 스팀보트로, 44.5인치 직경에 스트로크stroke의 길이가 8피트인 두 개의 피스톤을 가진 엔진을 장착했다. 이 배의 엔진은 1분간 24회전 했으며 이때의 속도는 시속 24~25킬로미터까지 나왔다.

스티븐스는 1837년에 완전한 철로 된 레일을 처음으로 사용하여 기차의 발전에도 공헌했다.

뉴욕과 뉴잉글랜드의 여러 도시들을 왕복하던 객선으로 가장 잘 알려진 것은 두 척의 로드아일랜드Rhode Island 호였다. 이 배들은 길이 323피

그림 3-14 두 척의 로드아일랜드호(1836~1876년)

트, 폭 80피트, 깊이 45피트로 90인치 직
경의 실린더와 12피트의 스트로크를 가
진 스팀 엔진으로 2500마력에 평균 항해
속도 14노트를 낼 수 있었다.

그림 3-15 미시시피강의
패들보트 로버트리호

이때에는 미시시피강에도 큰 패들스팀
여객선이 다녔는데 그랜드리퍼블릭Grand
Republic호는 340피트 길이에 56피트 폭과

10.25피트의 깊이, 28인치와 56인치 직경의 실린더가 있는 두 엔진을 가
졌으며 스트로크의 길이는 10피트였다. 당시 가장 잘 알려진 미시시피강
의 패들보트는 아마도 로버트리Robert E. Lee호일 것이다.

1837년에 건조된 그레이트웨스턴Great Western호는 길이가 212피트, 폭
이 35.5피트 그리고 깊이가 23피트로 엔진은 450마력짜리를 싣고 있었
다. 이 배가 대서양을 횡단하는 데는 약 15일이 걸렸다. 그러나 길이 450
피트, 폭 45피트, 깊이 35피트의 크기를 가지고 5000마력의 엔진을 가진
증기선은 대서양을 그 절반인 약 7.5일에 건널 수 있었다.

배를 나무로 만들지 않고 철을 사용해 만들었을 때는 연료비를 반으
로 절감할 수 있었고 그 속도도 거의 배로 늘릴 수 있었다. 또 이전의 배

그림 3-16 그레이트이스턴호

들이 길이 대 폭의 비가 약 5~6 대 1 이던 것을 11대 1의 비율로 만들면서 훨씬 더 좋은 결과를 가져왔다.

1850년대에 철로 된 배로 가장 큰 것은 그레이트이스턴Great Eastern 호였다. 이 배는 1854년부터 건조하기 시작해 1859년에 완성하였는데 영국의 템스강에 있는 조선소 'J. Scott Russell & Co.'에서 제작되었다.

이 배의 길이는 680피트이고 폭이 83피트, 깊이가 58피트였으며 화물을 실었을 때 28피트나 물에 잠겼다. 총 톤수는 2만 4000톤으로 4개의 패들과 4개의 스크류를 가졌는데 패들을 위한 엔진은 실린더의 직경이 74인치이고 스트로크의 길이가 14피트였다. 스크류를 위한 엔진은 실린더의 직경이 84인치, 스트로크의 길이가 21피트였고 스크류의 직경은 21피트였다.

패들을 위한 엔진의 보일러는 가열되는 면적이 4만 4000제곱피트였으며 스크류를 위한 엔진의 보일러는 더 컸다. 이 엔진들이 내는 총 마력 수는 1만 마력으로 배의 최고 속도는 16.5노트를 낼 수 있었다.

배의 엔진 출력이 1만 마력이라는 것은 실제로는 약 1만 5000마리 말들의 힘에 상당하는데 이 힘을 밤낮으로 24시간 내게 하려면 적어도 말 4만

그림 3-17 철갑으로 된 전함들

5000마리가 필요하다. 이 정도의 말들이라면 무게만 해도 거의 2만 톤이나 될 것이고 만약 3열列로 묶어서 끌게 한다면 그 열의 길이만도 30마일(약 48킬로미터)이나 될 것이다.

그런데 최초의 철갑선 가운데 하나인 영국의 미노타우르Minotaur는 길이가 길고 조정이 어렵다는 점과 무게로 속도가 느려지는 점 등의 문제들을 가지고 있었고 이는 새롭고 혁신적인 배의 설계를 불러오게 되었다.

이 배는 길이 400피트, 폭 59피트, 깊이 26.5피트에 6000마력의 엔진으로 최대 속도 12.5노트를 낼 수 있었으며 6인치나 되는 두꺼운 철갑을 입고 있었는데 길이에 비해 키Rudder가 잘 맞지 않아 방향을 틀기가 어려웠다. 18명의 사람이 키를 돌리고 60여 명이 그 일을 거들면서도 배를 완전히 한 바퀴 돌리는 데 7.5분이나 걸렸다.

그러나 곧 배의 단점을 개량한 후 각국의 전함들은 거의 다 철갑선으로 만들어졌다.

1884년, 영국의 찰스 파슨스Charles Parsons가 스팀 터빈을 개발한 후에는 이것을 이용하는 전함과 상선들이 만들어지기도 했다.

총 배수 톤수 44.5톤
길이 103.9ft (31.6m)
폭 9ft (2.7m)
깊이 3ft (0.91m)
속도 34.5knots (63.9km/h)
엔진 3단 파슨스 터빈; 3개의 프로펠러, 2000마력(터빈 압력: 1100psi, 200psi, 170psi), 석탄보일러

그림 3-18 파슨스의 터빈을 장착한 터비니아호(재현)

그림 3-19 1906년 건조된 군함
HMS Dreadnought

그림 3-20 킹에드워드호

파슨스는 터비니아Turbinia호를 만들었
는데 길이는 100피트였고 터빈을 엔진으
로 장착했으며 최고 속도는 30노트 이상
으로 당시 세계에서 가장 빠른 배였다. 그
뒤로 많은 배들이 파슨스의 스팀 터빈을
사용했다.

'HMS Dreadnought'는 최초의 근대식
군함으로 파슨스의 터빈 엔진을 단 가장
빠른 전함이었다.

상선으로서 터빈 엔진을 사용한 최초
의 배는 1901년에 건조된 킹에드워드King
Edward호였다. 군함이 아닌 상선은 속도보
다는 연료의 경제성이 더 중요하다. 당시는
저속의 상선에 터빈보다는 피스톤 엔진이
더 유용한 것이 밝혀진 상태였다. 곧 14노
트 이하의 속도에서는 터빈보다 피스톤 스팀 엔진이 더 유효했다.

그러나 피스톤 엔진에서 배출되는 열을 이용한 스팀으로 터빈을 돌리
는 복합 엔진은 낭비되는 배기열을 활용할 수 있었다. 그 때문에 이후로
는 복합 시스템이 많이 이용되었다. 파슨스는 복합 엔진을 가진 배들이
순수한 스팀 엔진만 가진 배들보다 약 12퍼센트의 석탄을 덜 사용하는
것이 판명되었다고 쓰고 있다.

복합 엔진을 사용한 큰 배로 로런틱Laurentic호가 있었는데 총 배수
톤수가 2만 톤이었다. 이 배는 타이타닉Titanic호를 건조한 'Harland &

Wolff' 조선소에서 건조되었다. 이 배의 자매선인 마그네틱Magantic호는 피스톤 스팀 엔진만을 장착했는데 로런틱호는 마그네틱호보다 14퍼센트나 적은 양의 석탄을 썼다고 한다.

그 결과, 세계적인 해운회사 화이트스타라인White Star Lines은 그들의 가장 크고 호화스러운 여객선 올림픽호Olympic와 타이타닉호에도 복합 엔진 시스템을 이용하기에 이르렀다.

타이타닉호는 초호화 여객선으로 최고의 사양을 가진 당시 최대의 여객선이었고 침몰할 수 없는 배로 인식되었다.

이 배는 가장 큰 스팀 엔진과 스팀 터빈을 장착하고 최고 속도 시속 24노트로 달릴 수 있었으나, 영국의 사우샘프턴Southampton을 떠나 뉴욕으로 향하던 첫 항해 때인 1912년 4월 14일 밤 11시 40분에 북대서양에서 빙산과 충돌하여 2시간 40분 후인 15일 새벽 2시 20분에 침몰하고 말았다.

20.5노트의 속도로 운항하던 타이타닉호는 이 충돌로 탑승자 2227명 중 1522명이 사망하는 당시 세계 최대의 해난 사고를 일으켰다. 생존자 705명은 경쟁사인 커나드라인Cunard Line의 카르파티아Carpathia호에 구조

길이 882.5ft (269m)
폭 92.5ft (28.2m)
총 적재 톤수 4만 6328톤
총 자체 중량 톤수 2만 4900톤
높이 59.5ft (18.1m)
추진 스크류 수 3개

그림 3-21 1912년 건조 당시 세계에서 가장 큰 스팀 여객선이었던 타이타닉호

되었고 타이타닉의 침몰한 잔해는 1985년 9월 1일, 미국과 프랑스의 탐험대에 의해 캐나다의 뉴펀들랜드Newfoundland 남동쪽 350마일 해저 3810미터의 수심에서 발견되었다.

4장
보일러

보일러의 특징

보일러Boiler를 설명하기 전에 우선 스팀에 대해 알아보기로 한다.

대기압의 조건에서 물을 가열하면 물이 끓기 시작하는 섭씨 100도(화씨 212도)까지는 온도가 계속 올라가지만 이 온도에 이르면 계속 가열하여도 온도는 더 이상 오르지 않고 증발만 계속된다. 이때의 온도를 물의 비등점boiling point이라고 한다. 곧 물이 액체 상태에서 기체 상태로 변하는 것이다.

이와는 반대로 기체 상태인 수증기의 열을 빼앗으면 수증기는 물로 변한다. 이렇게 기체인 수증기가 액체인 물로 전환되기 시작할 때의 온도를 이슬점dew point이라고 한다.

1킬로그램의 물을 섭씨 1도 올리는 데 필요한 열량을 1킬로칼로리라고 한다. 물을 비등점 이상으로 가열할 때 1그램의 물이 수증기로 바뀌기 위해서는 596칼로리cal의 열량이 요구된다. 그러므로 1킬로그램의 섭씨 100도의 물을 기화하는 데는 596킬로칼로리kcal의 열이 필요하다. 이 열량을 증기의 기화열(Heat of vaporization, 증발열 또는 기화 잠열)이라고 한다.

미국이나 영국 등에서 쓰는 BTUBritish Thermal Unit라는 단위는 물 1파운드를 화씨 1도 올리는 데 필요한 열량을 말한다. 비등점(끓는점)인 화씨

212도까지 올라간 물을 기화시키는 데는 1파운드당 970BTU의 열량이 필요하다. BTU 단위는 미국과 영국에서 아직도 많이 사용되고 있다.

이제 스팀 엔진에 없어서는 안 될 가장 중요한 부속기기인 보일러에 대해 알아보기로 하자.

스팀의 힘을 이용하기 시작한 17세기 초, 1615년의 살로몽 드코Salomon De Caus, 1576~1626와 그로부터 약 50년 후인 1663년 우스터의 후작은 원통형의 보일러를 이용했고, 1698년의 세이버리는 타원형과 원통형의 보일러를 이용했다. 그 후 뉴커먼 엔진이 발명되었지만 스팀의 압력이 낮았던 까닭에 이러한 보일러가 계속 이용되었다.

이 보일러들은 물통의 바깥 부분에서 가열하여 열손실이 많았다. 미국의 올리버 에번스는 이를 해결하기 위해 불길이 보일러의 물통 속을 지나가도록 연소가스의 통로를 만들었다. 이렇게 함으로써 가열 면적도 넓히고 열손실도 줄일 수 있었다.

에번스 이후 여러 개의 가느다란 파이프를 이용해 가열 면적을 훨씬 넓힌 보일러가 많이 사용되었는데 바로 기관차용 보일러이다(그림 4-1 참조). 현재의 연관煙管보일러는 여기에서 기원한 것이다.

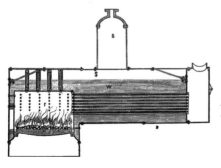

그림 4-1 기관차용 보일러. 연소가스가 물통 속을 지나는 구조이다.

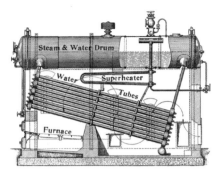

그림 4-2 바브콕-윌콕스 보일러

거의 비슷한 시기에 미국의 바브콕George Herman Babcock, 1832~1893년과 윌콕스Stephen Wilcox, 1830~1893년는 그와 반대로 물이 파이프를 통하고 그 언저리로 불길이 타는 보일러를 발명하여 특허를 얻었다.

바브콕-윌콕스 보일러는 높은 압력의 물이 물통 대신 파이프 안에 있게 되어 폭발의 위험이 크게 줄었다. 같은 두께의 벽을 가진다면 부피가 큰 물통보다는 직경이 작은 파이프가 파열되는 것이 어렵고, 또 파열되더라도 스팀이 유출되는 부분이 작아 보일러의 몸체가 폭발하는 것보다 훨씬 덜 위험하다. 이 보일러는 현재 수관水管 보일러라고 하여 널리 사용되고 있다.

이렇게 보일러의 개량으로 보일러의 효율성과 안전성이 커졌을 뿐 아니라 고압의 스팀을 이용할 수 있어 스팀 엔진의 크기도 줄이고 엔진 효율도 높일 수 있게 되었다.

오늘날 전 세계 화력발전의 80퍼센트 이상이 고압 보일러와 스팀 터빈을 이용하고 있다. 최근 개발된 효율이 높은 발전을 위한 동력원은 대형 디젤 엔진과 가스 터빈으로, 총 열효율이 40~50퍼센트 가까이 되는데 비해 보일러와 스팀 터빈을 이용한 시스템은 효율은 비슷하지만 훨씬 출력이 커서 발전을 더 많이 할 수 있다(엔진은 최대 출력 7만 킬로와트 정도이나 스팀 터빈은 100만 킬로와트 이상 되는 것도 많다). 또 운전의 안전성과 연속성 등에서 디젤 엔진이나 가스 터빈보다 훨씬 더 안정적이어서 대부분의 화력발전을 보일러와 스팀 터빈에 의존하게 된 것이다.

이번에는 현재 사용되고 있는 보일러에 연관된 여러 사항들을 알아보기로 한다.

1보일러마력Boiler Horsepower은 약 4만 2000BTU의 연료의 입력 열량을 말한다. 1파운드의 스팀은 약 1200BTU의 열량을 가지나 사용 가능한 열량은 약 1000BTU로 보는 것이 보통이다. 물론 이것은 스팀의 압력에 따라 다소 변한다.

열량의 또 다른 단위인 칼로리cal로 나타내면, 1칼로리는 1그램의 물을 섭씨 1도 올리는데 필요한 열량으로 1 lbs=453.6 gr=0.4536kg, 섭씨 1도는 화씨 1.8도이므로 1kcal=3.97≒4BTU가 된다(1kcal=1000cal). 따라서 1보일러마력은 약 1만 500킬로칼로리가 된다.

일반적으로 낮은 압력의 스팀Low Pressure Steam은 15psi per square inch를 말하며 고압 스팀High Pressure Steam은 100psi나 그 이상을 말한다. 과열 스팀 Superheated steam은 매우 건조한 스팀(물방울이 없다는 뜻)이자 고온의 스팀인데 재가열로 열량이 더해지므로 압력은 더 높아진다.

보통 'superheat'라고 하면 500psi 이상의 압력을 뜻하는 경우가 많다. 현재 발전용으로 사용하는 초고압의 벤슨형 스팀제너레이터supercritical steam generator의 압력이 3200psi를 넘는 것도 있다.

벤슨형 보일러는 보일러 내부 전체의 물을 증발시켜 고압의 스팀 상태에 있고 물과 스팀이 공존하는 보일러와 다르기 때문에 스팀제너레이터(증기발생기)라고 부른다.

보일러의 효율은 압력과 온도가 높을수록 커진다. 독일 지멘스Siemens 사에서 발간한 자료에 따르면, 보일러의 압력이 167bar(압력의 단위. 1바는 $1cm^2$에 100만dyne의 힘이 작용할 때의 압력이다)에서 250bar로 올라가면 그 효율이 3퍼센트 정도 증가한다. 같은 압력에서 스팀의 온도가 섭씨 540도에서 580도로만 올라가도 그 효율은 약 2.5퍼센트 정도 증가한다. 현재 이 회사가 개발하고 있는 2000킬로와트의 발전용 보일러는 증기 온도 500도와 압력 330bar(약 4800psi)에서 실험 운전을 하고 있다.

한편, 작은 보일러는 그 크기를 마력horse power으로 나타내고 큰 보일러는 스팀의 양이 몇 천 파운드(또는 킬로그램)인가로 나타낸다. 대체로 500마력 이하인 경우는 마력으로 표시한다.

보일러의 효율은 보통 75~85퍼센트인데 최근의 초고효율 보일러는 90퍼센트 이상까지 간다. 동으로 된 열교환기heat exchanger를 가진 보일러가 철로 된 열교환기를 가진 보일러보다 효율이 높다.

앞에서도 잠깐 설명했으나 현재 보일러는 크게 연관보일러와 수관보일러로 나눈다. 두 가지 보일러의 특징을 좀 더 상세히 검토해보자.

보일러의 이용

연관보일러

연관보일러Fire-tube Boiler는 기관차의 보일러처럼 연소된 가스가 보일러의 물통 속을 지나는 관을 거치는데 이때 관의 벽을 통해 물에 열을 전달하는 구조로 되어 있다.

스코치마린Scotch Marine 보일러라고 알려진 보일러들이 이 방식으로 가장 많이 사용되는 보일러로, 가격이 싸고 열효율이 높으며 오래 사용할 수 있다는 장점이 있다. 주로 선박용으로 사용하는 데서 'Marine'이라는 이름이 붙었다. 그러나 앞서 설명했듯이 기관차에도 같은 보일러가 사용되었다.

스코치마린 보일러는 그림에서 보는 것처럼 큰 통 안에 '연관'이라 불리는 관이 수평으로 나열되어 있다(그림 4-3 참조). 연소된 뜨거운 가스는

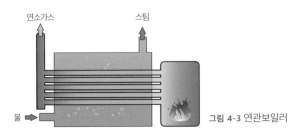

그림 4-3 연관보일러

이 관을 통해 통 안의 물을 가열한다.

이 보일러는 비교적 많은 양의 물을 가지고 있어서 스팀 엔진에 걸리는 하중荷重의 변화로 스팀 사용량이 많아져도 그에 따른 압력 변화는 비교적 적다. 그러나 많은 양의 물 때문에 처음 시동을 걸 때까지 시간이 많이 걸릴 뿐 아니라 스팀의 압력을 올리는 데는 더 많은 시간이 필요하다.

또 스팀이 관 바깥의 통 안에서 발생하여 큰 표면적을 가지므로 높은 압력에는 견디기가 어렵다. 따라서 이 보일러는 300psi 이상의 압력이 필요한 곳에는 사용되지 않는다. 현재 사용 중인 가장 큰 스코치형 보일러는 1500마력(스팀 50000lbs/hr) 이상이다.

수관보일러

수관보일러Water-tube Boiler는 연관보일러와는 반대로 물이 관을 통하고 연소가스는 그 관의 언저리에서 연소하며 열을 관 속의 물에 전달하는 구조로 되어 있다(그림 4-4 참조). 큰 통보다는 직경이 작은 관이 높은 압력에 견디기 쉬우므로 고압이 요구되는 보일러에서는 이러한 방식의 보

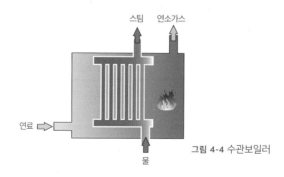

그림 4-4 수관보일러

일러가 사용된다. 그 압력이 3000psi까지 가는 것도 있다.

특히 수관보일러는 고효율의 보일러로서 과열 스팀이 발생할 수 있어 건조한 스팀을 요하는 스팀 터빈을 사용하는 화학물질 생산공정이나 펄프 생산과 발전소용으로 많이 이용되고 있다. 스팀 터빈은 날개가 얇은 팬fan으로 되어 있어 고압의 증기 중에 물방울이 섞여 있는 경우 이 물방울이 팬에 마모나 심각한 손상을 가져올 수 있다.

수적으로는 연관보일러가 가장 많이 이용되고 있으나 총 출력으로 비교할 때는 수관보일러가 가장 많이 이용된다고 한다. 그것은 수관보일러에 대용량의 것이 많다는 뜻이기도 하다.

보일러의 효율을 높이기 위해서는 한 번 사용한 스팀을 물로 응축시켜 다시 보일러로 유입되는 물로 사용하고 또 고온의 연기가 굴뚝으로 나가기 전에 그 열을 흡수하여 보일러 내에 공급될 물을 데우는 데 사용하기도 한다. 보충수가 필요할 때 보일러 전체의 효율을 높이는 데는 물을 응축시키는 장치가 절대적으로 필요하다.

보통 용량이 큰 보일러는 배출되는 가스의 온도가 화씨 450~650도 정도이다. 이렇게 높은 온도의 가스를 이용하려는 것이 연통절약장치Stack economizer이며, 이 장치를 사용하여 전체의 효율을 높일 수 있는 한도는 배출되는 가스의 온도와 얼마나 많은 양의 물을 보충하는가에 달려 있다.

연통절약장치는 형태와 크기가 여러 가지이나 코일 형식의 것은 비교적 용량이 작은 보일러에 이용된다.

그림 4-5 코일 형식의 열회수 장치
(Heat Recovery Coil)

보일러에 사용하는 물 처리

보일러의 부식에 가장 큰 영향을 주는 것은 물에 녹아 있는 각종 가스이다. 특히 산소와 탄산가스, 암모니아가 주원인이 된다. 그중에서도 산소는 가장 부식을 심하게 일으키는 요소로, 보일러의 내벽에 피팅(pitting, 금속 표면이 부식하면서 조그마한 구멍이 나는 것)과 철분 축적을 일으킨다.

극히 소량의 산소도 아주 중대한 침식의 원인이 되므로 산소의 제거는 보일러 가동에서 가장 중요한 일 가운데 하나이다. 산소의 주입은 물에 원래 녹아 있던 산소 외에도 각종 펌프나, 사용된 스팀의 응축 과정에서도 공기와 접촉할 때 일어난다.

산소가 가져오는 가장 심각한 피해는 앞서 말한 피팅이다. 전체적으로는 부식이 아주 미미하게 진행되어 있는 상태에서도 심각한 보일러의 실패의 원인이 될 수 있다. 산소에 의한 부식은 용존산소의 농도와 산도pH, 물의 온도에 따라 그 진행 속도가 결정된다.

부식 과정

보통 보일러는 카본 스틸과 열전도熱傳導 시스템으로 만들어지므로 침식이 일어날 가능성이 높다. 철분은 여러 형태로 용해되어 보일러 속으로 들어오는데 가장 흔한 경우는 산화철과 수산화철 형태의 화합물이다. 용해된 철은 보일러의 높은 온도와 알칼리성에 의해 물에 녹지 않는 수산화철의 침전물로 변한다.

외부적인 처리(물 처리)

보일러에 주입할 물(유입수)을 사전에 외부적으로 처리하는 과정으로 화학적 처리 과정과 물리적 처리 과정을 겸한다. 외부적인 처리 과정은 대개 다음과 같은 과정이 포함된다.

1. 정수Clarification
2. 필터링Filtration
3. 알칼리 성분 제거Dealkalization
4. 광물 성분 제거Demineralization
5. 가스 성분 제거Deaeration
6. 가열Heating

내부적인 처리

외부적인 처리 과정을 거치더라도 물에는 소량의 불순물이 남아 있으므로 불순물에 따른 보일러의 부식을 막기 위해서는 내부적인 처리도 필요하다. 이 과정에서는 칼슘, 마그네슘, 이온성 철분, 구리 성분과 콜로이드 상태의 실리카silica 등을 제거한다.

금속의 산화물들은 실제 보일러를 운행할 때 앞에서 말한 보일러의 침식보다 더 많은 지장을 준다. 침전물의 축적은 보일러의 열전도율을 떨어뜨려 보일러의 효율을 저하시킬 뿐 아니라 침식을 촉진하는 작용도 한다.

침전에 따른 열전도 현상의 저하는 국부적인 과열 현상Overheating을 일으켜 보일러가 파손되는 원인을 제공할 수도 있다. 또한 침전은 보일러 내의 물의 순환을 방해하고 국부적인 과열 현상을 일으킨다.

유입수에 녹아 있는 가스를 제거하는 데는 탈기脫氣, Deaeration 치가 이용되는데 근본적으로는 유입수를 고온의 스팀에 분사함으로써 이루어진다. '탈기'의 목적은 아래와 같다.

1. 산소, 탄산가스 등을 유입수에서 제거하는 것
2. 유입수를 최적의 온도로 가열하고 순환수를 최적의 온도로 낮추어 회수하는 것
3. 용해된 유해가스의 농도를 최저로 줄이는 것
4. 유입수의 온도를 유입에 적합한 최대의 온도로 높이는 것

이는 온도가 올라갈수록 물에 용해되는 가스의 양이 줄어든다는 원리를 이용한 것이다.

탈기장치 중에 가장 대표적인 접시형 탈기 가열기에 대해 간단히 살펴보기로 한다.

• **접시**Tray**형 탈기 가열기**Deaerating Heaters

이 장치는 유입수를, 여러 층으로 된 트레이tray를 통과하는 동안 미세하게 분사하여 그 속에 녹아 있는 가스를 줄이는 것이다. 이때 분출된 유입수의 온도는 스팀의 포화 상태의 온도에 근접(섭씨 2~3도 이내)하여 물 속에 녹아 있는 가스를 제거한다. 가스가 제거된 물은 아래로 내려가 모인다. 이렇게 모인 물은 보일러의 유입수로 사용된다.

유입수에서 분리된 가스와 스팀은 응축조漕로 가서 응축수水 가 된다.

스팀 입구

유입수
입구

배수
입구

가열판

공기
분리판

그림 4-6 접시형 탈기가열기의 구조

이 과정에서 물의 온도가 높아 분리된 가스는 공기 중으로 환원되고 응축수는 다시 유입수로 사용된다.

이렇게 처리된 유입수는 보통 3~50ppb(part per billion, 10억 분의 1) 정도의 용존산소를 가지며 탄산가스는 거의 0에 가깝다. 남은 산소의 제거는 기계적인 방법으로는 불가능하고 화학적인 방법을 쓰게 되는데 이온교환법Ion Exchange, 역삼투법Reverse osmosis 등이 있다.

5장
와트 이후의 증기기관의 발달

고압 피스톤식 스팀 엔진

제임스 와트가 증기의 압력을 높이는 것에 상당히 반대했다는 사실은 앞에서도 설명한 바 있다. 그럼에도 낮은 증기압으로 엔진의 크기가 커지고 고압에 견딜 수 있는 보일러 등이 개발되자 증기기관에 쓰는 압력은 많이 높아지게 되었다.

거기에다 뉴커먼 엔진에서와는 달리 증기의 압력으로 피스톤을 밀고 크랭크에 의해 피스톤의 직선운동을 원운동으로 바꿈으로써 모든 분야의 동력원으로 증기기관이 보급되기 시작했다.

그러면 이후의 증기기관은 어떻게 작동되었는지를 알아보기로 하자. 가장 알기 쉽게 기관차의 예를 들어 설명하기로 한다.

초기의 기관차는 제임스 와트의 엔진을 이용했으나 그의 엔진은 크기가 크고 그 크기에 비해 출력은 낮았으므로 기관차 엔진으로는 적합하지 않았다.

결국 시간이 흐를수록 고압 스팀의 힘을 이용하는 엔진이 주를 이루게 된다. 스팀의 압력을 높임으로써 작은 피스톤으로도 큰 힘을 낼 수 있고 특히 기관차와 같이 움직이는 물체에서는 소형이면서도 강력한 엔진이 필요했다.

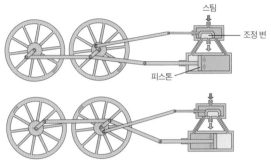

그림 5-1 기관차의 스팀 엔진

그림 5-1을 보면 스팀은 피스톤의 윗면에 있는 조정 변slide valve에 의해 피스톤으로 들어가는 방향이 결정된다. 피스톤의 한 방향에서 들어간 스팀은 피스톤을 밀고 피스톤의 직선운동은 연결된 크랭크축Crankshaft에 의해 바퀴를 돌린다.

피스톤이 한 방향의 끝까지 갔을 때 위의 조정 변이 위치를 바꾸어 스팀을 피스톤의 반대 방향에서 들어가게 한다. 이때 조정 변을 움직이는 것 또한 바퀴에 연결된 크랭크축이다.

이렇게 해서 피스톤이 한 번 왕복하면 바퀴가 한 바퀴 돌게 된다. 한 번 피스톤을 밀어낸 스팀이 배출되는 것에 대해서는 그림 5-2를 참조하면 된다.

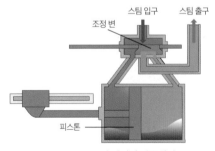

그림 5-2 스팀 엔진의 작동원리

그림에서 푸른색으로 표시된 부분이, 사용된 스팀의 배기 통로이다. 피스톤이 반대 방향으로 움직일 때에도 위의 조정 변은 스팀이 피스톤으로 들어가는 입구를 바꿀 뿐 아니라 스팀의 출구도 연결하고 있다.

실제로 기관차에는 피스톤이 양쪽 바퀴에 다 있다. 만약 기차가 정지했을 때 피스톤이 한쪽 끝에 가 있었다면 크랭크축은 직선 상태이므로 아무리 피스톤에 압력이 작용해도 바퀴를 돌릴 수 없게 된다. 이 같은 일을 피하기 위해 양쪽 바퀴의 피스톤은 45도 행정의 차이가 나도록 둔다. 그러면 두 크랭크가 동시에 직선상에 놓이는 일이 없다.

또 하나 잘 알려지지 않은 것은 스팀을 절약하는 방법이다. 스팀의 절약은 곧 연료와 물의 절감이므로 기관차에 자주 연료와 물을 보충할 필요를 줄여준다. 피스톤이 끝 쪽에 갔을 때 들어오는 스팀은 거의 일을 하지 못하고 바로 배출되므로 처음에 들어온 스팀에 비하면 일의 양이 적다.

그래서 기관차에는 피스톤이 실린더의 중간 지점에 왔을 때 조정 변이 스팀의 입구를 막아 더 이상 피스톤으로 스팀이 들어가지 못하도록 하고 있다. 이렇게 되면 이미 피스톤에 들어가 있는 스팀의 팽창에 의한 힘만 더 발생한다. 물론 스팀 엔진 발명의 초기에는 이러한 것까지는 몰랐으므로 열효율이 대단히 낮았다.

이에 대한 보완으로 스팀 엔진의 열효율을 어느 정도 개량하기는 했으나 스팀 엔진의 총 열효율은 20퍼센트를 넘지 못했다. 많은 열손실이 보일러에서 일어나고 또 앞에서 살펴본 것처럼 스팀 엔진 자체에서도 일어나기 때문이었다. 그래도 스팀 엔진은 디젤 엔진이 나오기 전까지 모든 기관차에 사용되었다.

다음은 그 후에 개발된 스팀 엔진들이다.

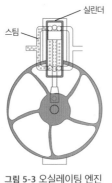
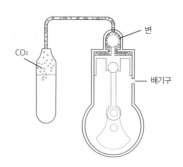

그림 5-3 오실레이팅 엔진　　　　　그림 5-4 CO_2 모터

　오실레이팅 엔진Oscillating Engine은 바퀴가 반회전 할 때마다 실린더로 스팀이 들어가는 입구와 나오는 출구가 차례로 바뀌게 되어 있다. 피스톤이 왕복할 때 입구와 출구가 동시에 바뀐다.

　원래의 증기기관의 조정 변을 없애고 대신 좌우로 실린더가 움직이며 조정 변 역할을 하는 것이 다를 뿐이다.

　CO_2 모터는 피스톤이 맨 위로 올라갔을 때 압축된 탄산가스(스팀으로도 마찬가지이다)가 변을 밀어 올려 고압의 기체가 팽창하여 피스톤을 아래로 움직이게 한다. 피스톤이 맨 아래로 내려왔을 때 언제나 열려 있는 배기구排氣口를 통해서 사용된 가스가 배출된다. 피스톤을 위로 밀어 올리는 것은 플라이휠에 저장된 회전 모멘텀(회전운동량)에 의존한다.

　CO_2 모터는 조정 변이 없어서 그 구조가 극히 간단하다는 장점을 가진다.

로터리식 스팀 엔진

로터리식(회전식) 스팀 엔진Rotary Steam Engine은 여러 가지로 개발되어 있었으나 파슨스형의 스팀 터빈을 제외하고는 거의 모두가 실용화되지 못했다. 그 이유는 스팀의 유출leakage과 기계적인 소모가 가장 큰 문제였던 것으로 보인다. 스팀 엔진과 펌프, 압축기 등은 구조가 거의 동일하고 작동원리도 비슷해 대부분 호환이 가능하다.

스팀 터빈도 로터리식에 속하지만 뒤에 별도로 취급하기로 한다. 여기서는 대표적인 몇 가지를 구체적으로 살펴보기로 하겠다.

율 엔진

율 엔진The Yule Engine은 영국 스코틀랜드 지역인 글래스고의 존 율John Yule이 1836년에 발명한 것으로 알려져 있다. 다른 로터리 엔진들과는 달리 이 엔진은 내구성도 좋았다고 하며 몇 년간은 정상적으로 운전되었다는 보고도 있다.

구조는 원주형의 실린더 내에 있는 편심원주의 로터(rotor, 회전체)가 스팀의 압력에 의해 그 축이

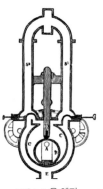

그림 5-5 율 엔진

직접 원운동을 하도록 되어 있다. 처음에는 로터를 미는 스팀이 닿는 면적이 매우 작고 또 축에 토크torque를 주는 모멘트moment도 극히 작다. 모멘트를 주는 반경이 아주 짧기 때문이다. 그러나 회전하면서 압력이 작용하는 면적이 넓어지고 지렛대 역할을 하는 모멘트의 반경도 길어져 발생하는 힘은 커진다.

그림 5-5를 보면 배기 쪽에서 스팀이 들어온다고 했을 때 스팀의 압력은 원주면의 표면에 직각(원의 반경 쪽)으로 작용하므로 압력에 의한 토크는 축을 중심으로 서로 반대가 되는 것을 알 수 있다. 이는 축이 회전해 가장 반경이 긴 쪽이 거의 출구에 갔을 때 현재의 스팀의 입구와 출구를 바꾼 것과 똑같은 위치가 되기 때문이다. 이때의 스팀의 압력은 축의 양변에 거의 균등하게 작용하므로 토크의 차는 0에 가까워 스팀의 낭비가 아주 크다.

그러나 존 율의 엔진을 압축기나 펌프로 이용한다면 그 효율은 훨씬 높을 것이다. 다른 로터리 엔진에서 일어나는 과도한 마모나 스팀이 새는 현상은 그리 문제 될 것 같지는 않다. 이 엔진이 실용화가 되지 않은 것은 에너지의 비효율성 때문일 것이다. 이 엔진은 진공 펌프나 기타 펌프로는 많이 이용되고 있는 듯하다.

이브 엔진

이브 엔진The Eve Engine은 스팀이 아래 입구로 들어와 위 출구로 배출되는 간단한 구조로 되어 있다. 동심축 원운동을 하므로 율 엔진에 비해 마모가 적고 스팀의 기밀도(氣密度, 실내외로 들어가고 나가는 공기를 막아주는 정도)도 높일 수 있을 것으로 생각된다. 한 가지 문제라면 스팀의 6분의 5 이상이 아무런 일도 하지 못하고 낭비된다는 점이다.

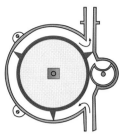

그림 5-6
이브 엔진(1825년)

맨 밑의 날개를 1번 그리고 시계 방향의 순으로 2번, 3번이라고 한다면 1번과 2번 날개 사이의 스팀은 전혀 일을 하지 못한다. 스팀이 1번 날개와 2번 날개 중간에서 서로 반대 방향으로 똑같은 압력으로 상쇄되고 있기 때문이다.

2번 날개와 3번 날개 사이의 스팀도 마찬가지이며 3번 날개가 출구 쪽을 지나자마자 스팀이 그대로 배출되므로 역시 일을 하지 못한다. 곧 하나의 날개가 6분의 1 정도 회전할 때까지만 일을 하게 되어 스팀의 낭비가 많다. 그 이유는 날개가 스팀의 입구를 지나고서야 비로소 스팀의 압력이 축을 회전시키는 역할을 하기 때문이다.

이렇게 한 날개가 일을 할 수 있는 시간은 다음 날개가 스팀의 입구로 들어오기 직전까지뿐이다. 따라서 엔진의 효율이 매우 낮아 실용화되지 못한 것으로 보인다.

제임스 와트 엔진과 채프먼 엔진

제임스 와트 엔진

제임스 와트 엔진The James Watt Engine(그림 5-7 참조)에서 f는 스팀의 입구이고 g는 출구이다. 스팀의 압력은 로터의 날개 c를 밀어 회전시킨다. 날개 c가 출구 g를 지나 스팀의 역류를 막고 있는 d를 실린더 내의 홈 e로

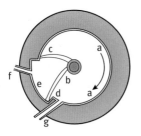

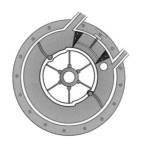

그림 5-7 제임스 와트 엔진(1765년)　　　　　그림 5-8 채프먼 엔진(1810년)

밀어 올리고 그것을 통과한다. 그러면 다시 원상태로 복구되고 앞의 과정을 되풀이하면서 스팀의 압력을 직접 원운동으로 바꾼다.

이 엔진은 작용원리가 너무나 명확해 작동하지 않을 가능성은 없다. 단지 고속 회전 시에 스팀 차단벽의 역할을 하는 d가 제때 내려와 주는지가 문제일 것이다. 또 날개 c가 밀어 올린 d가 다시 내려올 때까지 스팀이 출구로 그대로 방출될 것이며 이것은 엔진 효율의 저하로 나타난다. 그러나 적당한 스프링이나 탄력이 있는 장치를 사용함으로써 d의 복귀 시간을 단축시킬 수는 있을 것이다.

필자도 이러한 로터리 엔진의 발명을 알지 못하고 거의 같은 형태의 것을 특허로 신청한 적이 있다. 나중에서야 이런 것이 있다는 것을 알았는데 앞으로 다른 사람들이 필자와 같은 실수를 하지 않기를 바란다. 그런데 왜 이 같은 엔진이 아직도 실용화되지 못하고 있는지는 몹시 궁금하다.

채프먼 엔진

채프먼 엔진The Chapman Engine은 제임스 와트의 엔진과 동일한 구조이나 날개가 두 개라는 점에서 차이가 있다. 그리고 이것은 이브 엔진과 같은 잘못을 저지르고 있다.

채프먼 엔진(그림 5-8 참조)에서 실린더 공간의 상당 부분을 차지하는 두 날개 사이의 스팀은 아무런 일도 하지 않는다. 곧 앞에서와 같이 두 날개에 작용하는 압력은 크기가 같고 방향이 반대라 로터의 회전에는 아무런 영향을 미치지 못한다. 따라서 날개가 하나만 있을 때보다 훨씬 낮은 효율을 나타낼 것이다. 날개가 하나일 때는 와트의 엔진이 된다.

파펜하임 엔진

파펜하임 엔진The Pappenheim gear pump은 원래 펌프로 제안된 엔진이었을 것으로 생각된다. 앞서 말한 것처럼 엔진과 펌프, 압축기는 거의 같은 구조이고 호환이 가능한 경우가 많다. 이 엔진도 그런 예의 하나다.

이것이 엔진으로 사용되는 때를 알아보기로 하자.

파펜하임 엔진은 그림 5-9에서처럼 아래로부터 들어온 스팀이 위로 나가면서 양 화살표로 표시한 대로 치차齒車를 회전시킨다.

또한 그림에는 없지만 중앙에 수평으로 있는 치차의 날개에 작용하는 힘을 생각해보자. 치차의 윗부분은 스팀의 출구와 직접 연결되므로 치차의 아래쪽과 위쪽에는 스팀이 입력될 때 압력차가 생긴다. 이 압력차는 치차의 회전 방향과는 반대 방향으로 치차를 회전시키려 한다.

두 개의 치차에서 발생하는 회전력의 절반이 여기서 낭비된다. 채프먼 엔진에

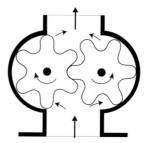

그림 5-9 파펜하임 엔진(1636년)

서처럼 두 날개 사이의 스팀의 압력은 회전력의 발생에는 아무런 도움을 주지 않고 맨 밑에서 실린더의 원주 속으로 들어가는 양쪽의 치차 날개 한 개씩만이 회전력을 발생시키기 때문이다.

이 엔진도 가동은 하겠지만 스팀의 팽창에 따른 힘을 상당 부분 낭비한다는 것은 문제가 있다. 특히 고압 스팀에서는 팽창에 따른 에너지 변환이 큰 부분을 차지한다.

마모가 되거나 치차와 벽 사이에서 스팀이 새는 것은 그렇게 어렵지 않게 방지할 수 있을 것이다. 파펜하임 엔진을 개량해 소방차 엔진Fire Engine으로 썼다고 하는데 이는 분명 치차들 사이의 스팀이 회전력의 발생에 어떤 작용도 하지 못하는 것을 해결한 것으로 보인다.

실즈비Horace C. Silsby는 치차식 로터리 엔진(그림 5-10 참조)을 스팀 엔진과 펌프로도 사용했다. 그림을 보면 스팀의 압력으로 회전력을 발생시키는 치차를 다른 치차보다 길게 함으로써 파펜하임 엔진의 문제점을 어느 정도는 해결했다. 그러나 스팀 입구와 출구 사이의 압력차 때문에 반대 방향으로 회전하려는 경향을 완전히 해소한 것은 아니다.

실즈비는 이 엔진을 펌프로도 이용했는데 회전 시 더 많은 물을 퍼내기 위해 긴 치차의 수를 3개로 늘렸다. 기록을 보면 로터리 엔진을 실은 소방차는 엔진의 크기가 작고 펌프로서 엔진이 훨씬 더 원활하게 작용하여 호평을 받았다고 한다.

소방차의 성공으로 다른 특수 분야에도 로터리 엔진을 쓰려는 시도가 있었던 것으로 보이나 연료의 소비량이 피스톤 엔진에 비해 많이 컸으므로 특수한 목적 외에는 사용되지 않았다. 연료의 소비량이 컸던 이유는 스팀이 서로 상쇄되는 방향으로 작용했기 때문이다.

그림 5-10 실즈비의 로터리 엔진   그림 5-11 실즈비의 로터리 엔진을 단 소방차

개발 초기의 로터리 엔진들은 거의가 다 이러한 중대한 결점을 가지고 있었으나 발명자들은 이를 인식하지 못했거나 간과한 것 같다. 기관차로 유명한 로버트 스티븐슨은 당시의 기계 가공 수준과 더불어 스팀의 낭비, 또 충분한 크기의 출력을 낼 수 없다는 문제 등으로 로터리 엔진이 절대 완전하게 작동되어 이용되지는 못할 것이라고 했다고 전한다.

빌 엔진

빌 엔진The Beale Engine의 작동원리를 살피기에 앞서 역사적인 배경부터 알아보기로 하자.

빌 엔진은 처음에 배에 장착하고 성능을 시험했는데 힘이 너무 약해서 기대만큼 배를 움직이지 못했다고 한다. 조지 스티븐슨이 엔지니어협회에서 발표한 바에 따르면 손님들을 배에 태워 약 반 마일 정도 떨어진 곳까지 운항하려 했으나 전혀 전진시킬 수 없었으며, 결국 실험은 실패로 끝나고 배를 바다에까지 끌고 가는 데 상당한 추가 비용을 썼다고 한다.

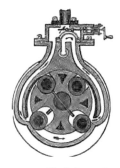

그림 5-12 빌 엔진(1841년)

빌 엔진의 구조는 네 개의 롤러가 들어 있는, 편심으로 설치된 로터의 한쪽에서 스팀이 들어가게 되어 있다. 이렇게 들어간 스팀은 롤러를 밀어 로터를 회전시키다가 롤러가 출구 쪽에 도달하면 출구로 배출되고, 롤러는 실린더의 벽과 가까워진 부분에서 실린더 안으로 밀려 들어간다. 그후 다음 롤러가 이전 롤러와 같은 행정을 반복한다.

롤러와 실린더 사이로 스팀이 새는 것은 로터가 회전 시의 원심력에 의해 롤러를 실린더 벽에 밀착시킴으로써 방지할 수 있다고 믿었다. 그러나 이 엔진은 거의 작동하지 않았다. 이유는 명백하다. 채프먼 엔진에서와 똑같은 오류를 범하였기 때문이다.

아래쪽의 두 롤러 사이에 있는 스팀은 아무런 일을 하지 않는다. 두 롤러에 작용하는 압력은 그 크기가 같고 방향이 정반대이므로 이 엔진을 조금이라도 움직이는 힘은 처음 롤러가 실린더의 아래쪽에, 다음 롤러가 스팀의 입구에 도달하기 전까지 낼 수 있을 뿐이다. 그조차도 스팀이 작용하는 실린더 내의 롤러의 단면적이 극히 작아 약할 수밖에 없다.

또 엔진이 고속으로 돌아 원주의 원심력이 커지면서 스팀이 출구 쪽으로 새는 것을 방지한다고 하였는데 엔진이 가속되기 전에 이미 거의 모든 스팀이 그 원주를 누르고 새어 나갈 것이다. 따라서 엔진 작동이 가능한지 자체가 의심스럽다. 원주의 제일 바깥 부분에 작용하는 스팀의 압력은 원주를 안으로 밀어 넣으려 하기 때문이다. 그러면 원주와 실린더의 접촉면에서 스팀이 유출될 것이다.

이 엔진에서 롤러 대신 실린더와의 접촉면은 곡면과 같은 커브를 가지나 왕복으로 드나드는 부분은 직선이 되고 롤러가 스프링 로딩spring-loading 되었다면 이 엔진은 적어도 작동은 했을 것이다. 롤러의 실린더 접촉면 근처에서 롤러를 위로 밀어 올리려는 스팀의 압력이 작용하지 않아 스팀 유출이 일어나지 않음으로써 압력이 유지되기 때문이다.

이렇게 보면 왜 스팀 엔진 발전 초기의 뛰어난 엔지니어들이 가장 기본적이면서도 심각한 문제를 인식하지 못했는지가 매우 궁금해진다. 생각해보면 압력과 그 작용 면에 대한 정확한 이해가 부족했던 것 같다.

이중슬라이드 피스톤 로터리 엔진

이중슬라이드 피스톤 로터리 엔진The Double-Slide Piston Rotary Engine들은 1899년경 이전에 발명된 것으로 보이며, 그 작동원리는 매우 명확하다.

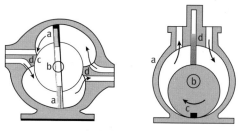

그림 5-13 이중슬라이드 피스톤 로터리 엔진

첫 번째 로터리 엔진(왼쪽)은 중간에 있는 날개가 d로 표시된 지점을 지날 때 안으로 들어가서 지나게 되어 있다. 그림에는 나타나지 않았으나 날개는 스프링으로 안으로 들어가고 나오게 되어 있을 것이다.

이 엔진의 문제는 이처럼 급격한 커브를 따라 들어갔다 나왔다 하는 동안 날개의 마모와 또 그러한 운동이 과연 쉽게 이루어질 것인가 하는 점이다. 급격한 곡률의 변동 지점에서는 스팀이 새는 현상도 일어날 수 있을 것이다.

두 번째 로터리 엔진(오른쪽)에서 로터는 편심축을 도는 원통형으로 스팀의 입력 부분과 출력 부분을 차단하는 밸브 역시 스프링 로딩 되었을 것이다. 이것은 역학적으로도 크게 무리하게 접촉하는 부분이 없어 작동하는 데는 아무런 문제가 없을 것이다. 다만 마모에 의한 수명에는 문제가 있을 수 있다. 이 엔진은 오늘날 진공 펌프로 이용되고 있는 것으로 생각된다.

염려스러운 점은 축이 편심으로 되어 있어 이 축의 위아래에 작용하는 스팀이 서로 반대 방향으로 토크를 발생시켜 편심축의 길이의 차에 따라 에너지 손실이 일어난다는 것이다. 또 하나는 스팀의 압력이 높아졌을 때 아래의 접촉면에서 스팀의 유출 가능성이 있다는 것이다.

편심인 축에 의해 회전력이 생기는 것은 물론이거니와 축이 위에 있어 스팀의 압력의 일부는 이 로터를 위로 밀어 올리려고 하므로 아래 접촉면에서 마모와 기밀氣密의 문제가 일어날 수 있다.

위의 스팀을 출구로부터 차단하고 있는 밸브는 적당한 압력으로 스프링 로딩 되어 있어야 하고 고속 회전을 하기 위해서 스프링의 힘은 더 강해져야 한다. 이것은 다시 접촉면에서 마모와 스팀이 새는 현상을 일으킬 수 있다.

쿨리 엔진

쿨리 엔진The Cooley Engine은 내부에 두 개의 원주상의 에피트로코이드(epitrochoid, 원이 다른 원의 외부를 돌 때, 그 원 안의 일정한 점 하나가 그리는 곡선)와 세 개의 에피트로코이드의 외곽 실린더를 가진 비교적 복잡한 모양을

하고 있으며, 기어는 3:2의 비율로 되어 있었다고
한다.

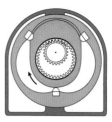

그림 5-14
쿨리 엔진(1903년)

이 그림에는 스팀의 입구와 출구도 명시되어
있지 않아 작동법에 대한 구체적인 설명은 불가
능하지만, 1920년대에 아이디어를 냈고 1950년
대에 내연기관으로 발전시킨 방켈 엔진The Wankel
Engine의 원형이 아닌가 생각된다. 방켈 엔진은 1960년대 후반 일본의 마
쯔다자동차 회사가 자동차 엔진으로 개발해 판매했다.

쿨리 엔진은 구조로 보아 방켈 엔진과 거의 같으므로 이 엔진의 작동
은 뒤의 내연기관의 장에서 설명하기로 한다.

방켈 엔진은 연비가 너무 나빠 결국 1990년대에 자동차 엔진으로서
의 사용이 중지되었다. 이런 점으로 미루어 볼 때 쿨리 엔진은 작동이
되었다고 하더라도 스팀의 변환 효율은 낮았을 것이다.

그 외에도 로터리식 스팀 엔진에 관한 특허를 많이 찾을 수 있었으나
대개 앞에 든 예와 비슷한 것들이었다.

6장

스털링 엔진과
또 다른 대기압 엔진

스털링 엔진

    스털링 엔진Stirling Engine은 온도차가 발생하는 열원熱源에 일정량의 기체를 실린더 내에 봉입하여 그 기체의 팽창, 수축에 따라 기계적인 에너지를 얻는 기관을 말한다. 따라서 엔진 내에 있는 기체는 밖으로 유출되지 않고 내부에서만 작동한다.

    또한 스털링 엔진은 외연기관으로서 왕복하는 피스톤 엔진의 범주에 속한다. 다른 스팀 엔진에서와 같이 별도의 보일러가 필요 없다는 큰 장점도 가지고 있다.

    이 엔진은 1816년에 로버트 스털링Robert Stirling, 1790~1878이 발명했는데 2년 후인 1818년에 실제의 기계가 만들어져 광산의 물을 퍼내는 데 사용했다고 한다.

    이 엔진의 다른 장점은 열원의 온도차가 작아도 가동할 수 있고 어떤

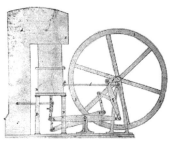

그림 6-1 로버트 스털링의 스털링 엔진 특허 도면(1816년)

그림 6-2 소형의 스털링 엔진

열원이든 쉽게 이용할 수 있다는 것이다. 단점으로는 다른 외연기관(주로 스팀 엔진)에 비해 출력 대 중량비가 아주 작다는 것이다. 예를 들면 소형의 스털링 엔진은 손바닥 위나 커피 잔 위에 올려놓아도 작동할 정도로 근소한 온도차로 작동한다.

오랫동안 스털링 엔진은 출력 대 중량이나 부피의 비가 작아 널리 사용되지 않았으나 최근에 와서는 열효율이 높고 폐열을 손쉽게 이용할 수 있다는 장점 때문에 활발히 연구되고 또 이용 중에 있다.

오스트레일리아에서는 태양열로 가열된 물을 이용하여 스털링 엔진으로 발전을 하는 시스템도 개발되어 있다. 이때에는 일반적인 스팀 엔진으로는 스팀의 온도가 낮아 그 압력이 작으므로 에너지 변환이 극히 비효율적이어서 스털링 엔진을 사용하는 것이다.

한편, 스털링 엔진은 소음이 거의 없이 조용하게 작동하기 때문에 이러한 이점을 충분히 살려서 쓰기도 한다. 미국 해군에서는 스털링 엔진을 원자력잠수함에 사용한 예가 있다.

필자가 코펜하겐에 있는 덴마크공과대학을 방문했을 때 학교 연구실에서 스털링 엔진에 대한 연구가 많이 진행되고 있어 그 이유를 물었더니 산업 활동으로 나오는 폐열을 이용하기 위해서라고 했다. 이처럼 여러 가지 열원으로부터 동력을 발생하는 데는 다른 어떤 엔진보다도 사용하기 쉽고 효율적인 것이 스털링 엔진이다.

스털링 엔진의 기능상의 특징은 다음과 같다.

1. 스털링 엔진에 사용되는 가스는 항상 엔진 내에서 순환한다. 따라서 배기공이 없으며 폭발이 일어나지 않아 매우 조용하게 작동한다.

2. 스털링 엔진은 외부의 열을 이용한다. 온도차가 극히 작은 열원도 이용할 수 있어서 연료는 물론이고 공장의 폐열이나 태양열, 식물의 부식에서 발생하는 열도 열원이 될 수 있다.

3. 낮은 온도차의 열원을 이용하므로 열을 받아들이는 면이 넓어야 하고 피스톤에서 발생하는 압력도 매우 낮아 전체적으로는 부피가 매우 큰 엔진이 된다. 다시 말하면 출력 대 중량 혹은 부피의 비가 매우 작다.

작동원리

A형 스털링 엔진

A형 스털링 엔진은 두 개의 피스톤으로 구성되어 있다. 하나는 고온 쪽에 그리고 다른 하나는 저온 쪽에 위치한다.

1. 그림 A에서 거의 모든 가스가 고온의 실린더 벽에 접해 있고 이 벽에 의해 가열된 가스는 고온 쪽의 피스톤을 밀어 가장 멀리까지 보내며 외부에 힘을 전달한다. 이와는 90도의 위상차를 둔 저온의 실

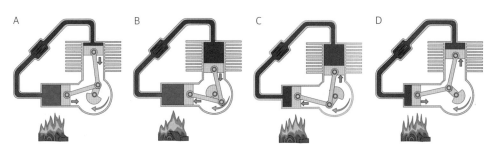

그림 6-3 A형 스털링 엔진의 작동원리

린더 내의 피스톤은 최대로 팽창한 상태의 더운 가스를 흡입하며 식힌다.

2. 그림 B에서 총 가스의 부피는 최대가 된다. 고온 쪽의 피스톤은 가스를 저온의 실린더로 밀어내며 열을 빼앗기고 부피가 줄어든다. 그러나 저온 쪽의 피스톤의 체적은 최대가 되고 압력은 낮아진다.

3. 그림 C에서 이제 거의 모든 가스는 저온의 실린더에 와 있고 계속 냉각되고 있다. 플라이휠의 모멘텀으로 저온 쪽의 피스톤은 남은 가스를 계속 압축한다. 이때 압축에 필요한 에너지는 고온 쪽의 피스톤이 팽창하면서 내는 힘보다 작은 힘을 필요로 한다. 냉각으로 가스의 수축이 함께 일어나기 때문이다. 이러한 힘의 차가 결국은 스털링 엔진의 출력으로 나타나는 것이다.

4. 그림 D에서 가스의 부피는 최저가 되고, 가스는 고온의 실린더 내로 들어간다. 그곳에서 가스는 가열되고 확장되며 피스톤을 밀어 외부에 동력을 발생시킨다. 물론 고온부의 압력은 저온 쪽의 피스톤에도 작용하지만 90도 위상이 다른 이 피스톤이 제일 부피가 작은 위치에 왔을 때 거의 모든 가스는 고온부에 가 있으며 가열에 의해 팽창하고 고온부에서 출력이 발생한다. 이제부터 저온부에서도 출력이 발생한다. 그러나 저온의 실린더에 의한 수축이 함께 일어나므로 출력이 크지는 않다.

이렇게 A에서 D까지의 과정을 되풀이함으로써 외부에 대해 일을 하는 것이다.

그림에서 본 것처럼 고온 쪽의 피스톤이 확장하면서 플라이휠을 밀 때도 저온부의 가스를 함께 밀어 가스의 일부는 힘의 발생을 저해하는 쪽으로 작용하기도 한다(저온 쪽의 피스톤 위치에 따라). 따라서 높은 압력을 내는 것은 불가능하며 이 때문에 출력 대 부피나 무게의 비가 다른 가솔린 엔진이나 스팀 엔진보다 훨씬 작아지는 결점을 가진다.

B형 스털링 엔진

B형 스털링 엔진은 실린더가 하나이고 피스톤은 두 개로 구성되어 있다. 아래 그림에서 실린더와 밀착된 피스톤이 파워Power 피스톤이고 간격을 둔 피스톤이 디스플레이서Displacer 피스톤이다. 디스플레이서는 가스를 찬 곳과 뜨거운 곳으로 이동시키는 역할을 한다.

1. 그림 A에서 디스플레이서가 저온부(위쪽)로 이동하고 가스가 고온부(아래쪽)로 확장하여 파워 피스톤이 플라이휠을 돌리며 일을 한다.
2. 그림 B에서 가열된 가스는 압력을 증가시키고 파워 피스톤을 맨 끝

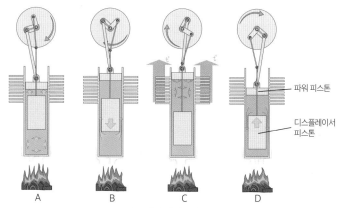

그림 6-4 B형 스털링 엔진의 작동원리

까지 밀며 일을 한다. 이 과정에서 출력이 발생한다. 디스플레이서에서는 90도 위상차가 있으므로 고온부의 가스의 부피를 줄이는 방향으로 움직인다.

3. 그림 C에서 대부분의 가스는 저온부에 가 있고 냉각된 가스는 수축한다. 파워 피스톤은 가스를 고온부로 밀기 시작한다.

4. 그림 D에서 플라이휠의 돌아가는 힘으로 파워 피스톤이 가스를 실린더의 고온부 쪽으로 압축한다. 저온부로 온 가스는 수축함으로써 압축에 드는 힘의 일부를 보상한다. 이때 디스플레이서는 약간 올라간 위치에 있고 고온부에 있는 가스는 가열되어 파워 피스톤을 밀게 된다. 디스플레이서가 올라가며 더 많은 가스가 고온부로 이동, 가열되어 압력은 증가하고 파워 피스톤을 계속 민다.

이 과정이 끝나면 다시 전 과정이 되풀이된다.

스털링 엔진은 여러 가지로 변형된 형태가 가능하여 많은 모형들이 만들어져 있다.

대기압 외연 엔진

앞서 스팀 엔진의 장에서 대기압으로 작동하는 엔진을 살펴보았다. 뉴커먼 엔진과 최초의 와트의 엔진이 그것이다.

여기서는 스팀이 아닌, 화염을 이용한 대기압 엔진에 관해 설명하기로 한다. 이 엔진도 스털링 엔진처럼 여러 변형된 형태의 것들이 만들어지고 있으나 최초의 발명자가 누구였는지는 필자도 찾을 수 없었다.

대기압 외연 엔진은 대기압 엔진Atmospheric Engine 또는 화염흡입 엔진Flame Sucker Engine이라고 하여 구조가 매우 간단하고 만들기 쉬워서 작은 모형으로 제작, 판매되고 있다.

작동원리

1. 피스톤이 팽창하면서 실린더의 벽에 난 흡입구를 통해 고온의 불길을 빨아들인다.

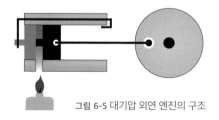

그림 6-5 대기압 외연 엔진의 구조

2. 피스톤이 최대로 팽창하면 흡입구가 닫히고 냉각이 시작된다. 이 냉각은 실린더 주위를 둘러싼 방열핀放熱fin들에 의해 이루어지는데 그림에는 표시되어 있지 않다. 실제의 엔진에서는 팬 등으로 핀을 식힌다.

3. 냉각으로 실린더 내의 압력이 낮아지고 피스톤은 대기압에 의해 밀려 들어간다. 이것이 힘이 발생하는 행정이다.

4. 피스톤이 거의 수축되었을 때 흡입구가 열리고 피스톤 내에 남아있던 찬 공기는 흡입구를 통해 빠져나간다. 곧 피스톤이 팽창하면서 다시 뜨거운 공기가 들어온다. 이때 공기를 흡입하는 힘은 플라이휠의 회전에 의한 것으로 물론 외부로부터 에너지를 받는다.

5. 이 과정은 축(플라이휠)이 한 번 회전할 때마다 일어난다.

결론적으로 3번 행정과 4번 행정에서 발생하는 힘의 차가 이 엔진이 내는 힘이 된다. 그런데 그 힘은 대기압이 피스톤을 안으로 밀 때 발생하므로 연료를 실린더 내에서 연소시키는 현재의 내연 엔진에 비해 출력 대 중량(혹은 체적) 비는 극히 작다. 따라서 어느 정도 사용 가능한 힘을 내게 하기 위해서는 실린더의 용량이 크지 않으면 안 된다.

그런 점에서 이 엔진은 뉴커먼 엔진처럼 크기가 너무 커지므로 실용성이 전혀 없다.

다음은 피스톤을 사용하지 않고 직접 원운동을 발생시키는 스팀 터빈 Steam Turbine들을 알아보기로 한다.

7장

스팀 터빈

스팀 터빈의 역사

앞에서도 설명했듯이 스팀 터빈의 시초는 고대 그리스의 헤론Heron of Alexandria에서 시작된다. 헤론은 스팀 터빈의 기본 요소인 바람개비(풍차)와 또 제트 엔진(내연기관 터빈)의 원형인 에올리필Aeolipile도 함께 발명했다. 바람개비형 풍차는 이전에도 있었을 것으로 추정된다.

에올리필의 작동원리는 스팀이 조그마한 관의 출구로부터 고속으로 뿜어져 나오는 반작용에 의한 것이나, 반작용의 개념이 물리학계에 정식으로 알려진 것은 17세기 뉴턴에 의해서였다. 뉴턴의 운동 제3법칙은 작용과 반작용의 법칙으로 '힘이 어떤 물체에 작용하면 그와 똑같은 크기의 힘이 정반대 방향으로도 작용한다'는 것이 그 내용이다.

에올리필의 관의 출구로부터 스팀이 어떤 힘으로 뿜어져 나왔을 때 그와 같은 크기의 힘이 스팀의 출구를 반대 방향으로 밀면서 에올리필을 회전시킨다. 이것이 곧 뉴턴의 반작용의 법칙에 의한 힘이다.

물론 헤론은 이 같은 운동법칙의 존재는 몰랐을 것이며 경험적으로 스팀이 강하게 뿜어져 나

그림 7-1
헤론의 에올리필 모형

오면 자신의 '장난감'이 돌아간다는 사실을 발견했을 뿐이다. 헤론의 에올리필은 거의 1800년간 그 용도를 찾지 못하고 중세의 어둠 속에 묻혀 있었다.

그러다가 19세기 초기인 1800년대에 들어와 미국의 윌리엄 에이버리와 올리버 에번스 등에 의해 처음으로 목재를 자르는 회전톱의 동력과 방적기의 동력으로 사용되기 시작했다.

에이버리 엔진Avery Engine은 당시에는 가장 회전 속도가 빠른 엔진으로 상당한 인기를 끈 것 같다. 또 다년간 아무런 사고 없이 잘 가동되었다고 한다. 1864년 11월 미국의 과학 잡지 〈사이언티픽 아메리칸Scientific American〉에 따르면 뉴욕시의 한 제재소에서 에이버리 엔진을 20년간 사용하다가 그 후 개발된 새로운 스팀 엔진으로 교체하였으나 그 제재소 주인은 바꾼 것을 후회했다고 기록되어 있다. 이는 에이버리 엔진이 안정적으로 운전되고 열효율도 당시에 다른 어떤 스팀 엔진 못지않았다는 것을 나타내는 것이다.

그러나 현재 남아 있는 에이버리 엔진의 그림을 보면 스팀이 원주상의 선으로 표시되어 있다(그림 7-2 참조). 이는 잘못 그려진 것으로 스팀은 원주상이 아니고 원의 접선상의 직선으로 내뿜어진다.

그림 7-2 에이버리 엔진

스팀 엔진은 보일러가 있어야 하는데 당시의 보일러는 안정성 문제로 지금처럼 고압에서 사용할 수 없었다. 따라서 스팀 엔진의 전체적인 열효율이 매우 낮고 총 부피 또한 출력에 비해 매우 컸다. 이러한 이유로 스팀 엔진은 뒤에 패러데이가 개발한 전기 모터와 내연기관 등으로 완전히 대체되었다.

이후 보일러가 개량되고 스팀 엔진에 사용되는 스팀의 압력을 높여 더 효율이 높은 스팀 터빈의 개량에 힘을 기울이면서 스팀 엔진 중에서도 스팀 터빈만은 유일하게 살아남았고, 전 세계 발전량의 80퍼센트 이상을 생산하는 주된 엔진이 되었다.

스팀 터빈은 현재 그 어떤 내연기관보다 높은 열변환 효율을 가지고 있다. 대형 디젤 엔진이 약 40퍼센트 전후의 효율을 내는 것에 비해 스팀 터빈(고압, 중압, 저압의 터빈이 직렬로 연결된 것)은 약 80퍼센트가 넘는다(터빈만의 효율을 말하며 총 발전효율은 여기에 보일러, 발전기 등의 효율을 합친 것이므로 35~45퍼센트쯤 된다).

스팀 터빈의 개량과 발전

드라발 터빈과 파슨스 터빈

스웨덴 웁살라Uppsala대학의 드라발은 1882년 고압 스팀의 터빈에 관한 아이디어를 소개했고 1887년 처음으로 그의 터빈을 완성했다. 그것은 높은 압력의 스팀이 거의 밀폐된 공간에서 팬을 돌리게 한 것이었다. 이전의 스팀 엔진이 스팀의 압력을 이용한 것이라면 그의 터빈은 스팀의 운동 에너지를 이용하려고 하였다.

곧 고압 스팀이 일단 노즐의 좁은 부분을 통과한 뒤 급격히 팽창하면 고속으로 가속되어 높은 운동 에너지를 갖게 되는데 이것을 팬의 날개에 부딪치게 함으로써 회전력을 얻으려고 하였다. 이 과정에서 스팀의 압력이 운동 에너지로 변환된 것이다.

그의 터빈은 고속의 스팀 입자들로부터 회전 에너지를 얻으므로 팬이 고속으로 회전하지 않을 때는 들어오는 스팀이 거의 에너지를 잃지 않고 튕겨져 나가 에너지의 변환 효율이 크게 낮아진다. 따라서 고속으로 회전해야 높은 에너지 변환 효율을 얻을 수 있었다.

또한 보통 3만rpm 이상의 고속으로 회전해 실제로 사용할 때는 감속 기어가 필요했다. 이외에도 고속 회전에 따른 원심력을 감당하기 위한

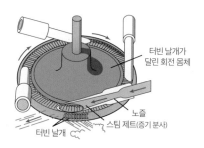

그림 7-3 드라발 터빈의 도면   그림 7-4 실제로 작동하던 드라발 터빈의 모습

특수재질의 사용 등 문제가 많았다. 특히 고속 회전에서는 균형balancing 의 문제가 심각했는데 회전체의 균형이 맞지 않으면 심한 진동이나 베어 링 파열 등이 일어나기 때문이다.

이러한 이유들로 드라발 터빈은 2년 후인 1889년에 개발된 파슨스 터 빈으로 대체되었다. 오늘날 사용되고 있는 거의 모든 스팀 터빈은 파슨 스형이거나 그것을 개량한 것들이다.

파슨스의 터빈을 검토하기 전에 스팀 터빈의 발전에 획기적인 공을 세운 구스타프 드라발과 찰스 파슨스에 대해 좀 더 알아보기로 하자.

구스타프 드라발Gustaf de Laval, 1845~1913은 1845 년에 스웨덴의 오르사Orsa에서 태어났다. 그는 1863년, 스톡홀름의 왕립 공과대학교Institute of Technology(뒤에 Royal Institute of Technology로 되었다) 에 입학하여 1866년 엔지니어링(engineering, 공학) 학위를 받고 이어 1872년에 웁살라대학교에서 화 학공학 박사학위를 받았다.

그림 7-5 구스타프 드라발

그는 1882년에 충격식 터빈impulse turbine을 고안하였으며 1887년에

이 터빈의 최초의 작동 모형을 만들었다. 1890년에는 드라발 노즐de Laval nozzle이라 알려진 노즐을 발명하였다.

드라발 노즐은 스팀 제트steam jet의 속도를 초음속으로 가속하여 스팀의 압력 대신 높은 속도에 의한 운동 에너지를 이용하려고 하였다. 이 노즐은 오늘날 제트기나 로켓 엔진에서 널리 이용되고 있다.

드라발의 터빈은 3만rpm이란 고속 회전이 가능했는데 에너지의 변환 효율을 높이기 위해서는 높은 속도의 회전이 필요했다. 또 고속 회전 터빈의 출력을 다른 데에도 이용하기 위해서는 속도를 낮추는 기어가 필요했으므로 그는 새로운 기어를 디자인했고 그 기어는 오늘날에도 이용되고 있다.

그는 고속 회전 터빈에서 새어 나온 기름 문제를 해결하기 위해 물과 기름을 원심력으로 분리하는 원심분리기를 발명하기도 했다. 이 기기는 후에 우유를 버터나 치즈로 만드는 데 이용되었다.

한편, 그는 1883년에 스웨덴의 엔지니어인 오스카 람Oscar Lamm, 1848~1930과 함께 알파라발Alfa-Laval이라는 회사를 설립한다. 그의 회사는 1913년, 그가 세상을 떠난 후에도 낙농 가공기 생산 회사로서 지금껏 존재하고 있다. 현재의 이름은 창업자인 그의 이름을 따서 드라발de Laval로 변경되었다.

그는 1886년 이후로 스웨덴 과학아카데미의 회원이었다.

찰스 파슨스Charles Parsons, 1854~1931는 1854년 6월 13일, 영국의 런던에서 유명한 천문학자이자 귀족인 윌리엄 파슨스William Parsons, 3rd Earl of Rosse의 막내아들로 태어났다. 윌리엄 파슨스는 당시 영국 왕실협회Royal Society의 회장이었다.

파슨스는 더블린의 트리니티칼리지Trinity College를 졸업하고 1877년, 케임브리지Cambridge의 세인트존스칼리지St. John's College를 우수한 성적으로 졸업한 후 귀족의 아들로는 드물게 뉴캐슬에 있는 'WG Armstrong'이라는 엔지니어링 회사에 취직한다. 그곳에서 제임스 키천Sir James Kitson, 1835~1911

그림 7-6 찰스 파슨스

을 만나 로켓으로 작동하는 어뢰torpedo 등을 연구한다. 그 뒤 'Clarke, Chapman and Co.'의 주니어 파트너가 되고 1884년 유명한 스팀 터빈 ('Reaction turbine'이라 알려져 있다)을 발명한다.

그는 이 터빈이 일정한 회전 속도로 운전되는 발전기나, 작고 고출력의 엔진이 요구되는 군함 등에 적합한 것을 인식하고 케임브리지를 떠나 뉴캐슬어폰타인에 'Parsons Works'라는 회사를 설립하여 본격적으로 터빈을 생산하기 시작한다. 그러나 여기에는 상당한 어려움이 뒤따랐다. 당시의 기술로는 정밀도를 요하는 터빈의 날개를 설계, 생산하고 자금을 조달한다는 것이 쉬운 일이 아니었기 때문이다.

1892년에는 자신이 처음 만들었던 4킬로와트 출력의 터빈보다 훨씬 실용성 있는 100킬로와트의 터빈을 만들었다. 그의 첫 터빈은 효율이 단지 1.6퍼센트에 불과했으나 터빈의 단을 여러 개 올리고 개량해 능률을 향상시켰다. 1899년에는 독일의 엘버펠트Elberfeld 전력 회사를 위한 1000킬로와트의 터빈을 만들었다.

또한 자신의 엔진이 배의 동력으로도 알맞다는 것을 알고 그것을 증명해 보이기 위해 작은 배를 만들기도 하였다. 1894년에는 '스팀 터빈에 의한 배의 프로펠러나 패들휠의 가동'에 관한 특허를 받고 스팀 터빈 회사 'Parsons Marine Steam Turbine Co.'를 설립했다. 1897년 그가 만든 요트 터비니아Turbinia호는 영국 여왕 즉위 50주년 함대 사열식에서 당시 최고 속도의 구축함들이 27노트의 속도를 낼 수 있는 것에 비해 34노트의 속력으로 달림으로써 새로운 기술의 우수성을 과시했다.

그로부터 2년 후에는 그의 스팀 터빈을 사용하는 구축함 'HMS Viper'와 'HMS Cobra'가 진수되었다. 1901년에는 첫 터빈을 장비한 여객선 'TS King Edward'가 취항했고 1906년에는 전함 'HMS Dreadnought'가 취역했다.

파슨스는 스팀 터빈 개발의 업적으로 1902년에 왕립협회의 'Rumford Medal'을 받았고 1911년에는 여왕으로부터 작위를 받았으며 1927년에는 'Order of Merit'의 회원으로 임명되었다. 그는 1931년 2월 11일에 세상을 떠났으나 그의 터빈 회사는 독일 지멘스Siemens사에 흡수되어 지금도 영국 뉴캐슬 지방의 히턴Heaton에 소재하고 있다.

그럼 여기서 파슨스의 터빈에 대해 좀 더 검토하기로 한다.

파슨스는 드라발 터빈의 단점을 이해하고 좀 더 낮은 회전 속도에서도 높은 효율을 얻기 위해서는 팬에 입사入射되는 스팀의 압력이 낮아져야 한다고 생각했다.

그러나 낮은 압력으로는 큰 동력을 얻을 수가 없고 상대적으로 엔진의 크기도 훨씬 더 커져야 하므로 이러한 것을 해결하기 위해 그는 같은 스팀이 여러 단의 팬의 열列을 지나게 하였다. 그러면 각 단에서 일어나는 압력차는 그 단의 수만큼 줄어들고 각 팬을 지나는 스팀입자들의 속도도 그에 상응해서 줄어들게 된다. 따라서 팬의 회전 속도가 드라발의 경우처럼 높지 않아도 비교적 높은 변환 효율을 달성할 수 있다.

참고로 압력차를 대기압과 관련해서 생각하면 질량이 m이고 높이 h에서 낙하하는 입자는 위치 에너지 mgh를 가지며(여기서 g는 중력가속도) 그 입자가 진공 중으로 뿜어져 나올 때는 압력(위치 에너지)차가 다 운동 에너지로 변하므로

$$mgh = \frac{1}{2}mv^2$$

이 된다. 그리고 압력차를 가진 증기의 배출 속도 v는 대략 이와 같이 계산하여,

$$v = \sqrt{2gh}$$

가 된다. 곧 압력차의 제곱근에 비례하는 스팀의 속도를 얻는다.

좀 더 자세하게 스팀의 압력을 속도(운동 에너지)로 변환시키는 식을 유도해보자.

스팀이 가지는 에너지는 그 압력과 부피를 곱한 PV이고 스팀의 질량을 m이라 한다면 이 압력 에너지 PV가 스팀의 운동 에너지로 변환될 것이므로

$$PV = \frac{1}{2}mv^2$$

이 될 것이다. 그러나 질량 $m = \rho V$(ρ는 밀도)이므로 위의 식에서 m을 ρV로 대체하고 식을 풀면 다음과 같다.

$$v = \sqrt{2P\rho}$$

곧 스팀의 분사 속도는 압력의 제곱근에 비례한다는 것을 알 수 있다.

따라서 들어오는 스팀의 압력과 배출되는 스팀의 압력이 각각 일정한 경우 그것을 10단으로 나누었다면 각 단에서의 속도는 $\sqrt{10}$분의 1, 다시 말해 약 3분의 1로 줄어 드라발 터빈에서와 같은 고속의 스팀을 피하면서도 높은 변환 효율을 얻을 수 있게 된다.

이렇게 여러 단의 팬의 열을 지나게 한 것이 1884년 파슨스가 만든 터빈이다.

이후 파슨스의 터빈은 140년간 전 세계의 발전發電 시장을 독점하고 있다. 작은 화력발전으로 디젤 엔진을 이용하는 것과 가스 터빈을 이용하는 것이 극히 일부를 차지할 뿐 중대형 화력발전소는 거의 모두가 파슨스형 터빈을 쓰고 있다. 이처럼 파슨스 터빈은 가장 중요한 터빈이라고 할 수 있다.

다음은 그가 만든 첫 스팀 터빈이다.

그림 7-7 1887년에 만든 최초의 복합 파슨스 터빈

그림 7-8 1899년에 만든 첫 IMW 터보 발전기

스팀 터빈의 구조

스팀 터빈의 날개

날개의 조립

그림 7-9 파슨스형 스팀 터빈(독일 지멘스사)

파슨스 터빈에서 날개의 직경이 차차 커지는 것은 스팀의 압력이 단을 거치면서 낮아져 그 부피가 커지기 때문이다. 날개는 고정익(고정날개)과 회전익(회전날개)이 차례로 배열되어 있는데, 움직이지 않고 있는 날개가 고정익(스팀의 가이드 역할을 한다)이며 이 가이드를 거쳐 나온 스팀이 회전 익을 돌리고 다시 난류 상태가 된 것을 다음 고정익이 정류整流한다. 고정익과 회전익은 각 단마다 설치되어 한 축으로 연결되어 있다.

파슨스가 자신의 터빈을 반작용식 터빈Reaction Turbine이라고 한 것은 드라발의 터빈에서는 스팀 입자들이 고속으로 날개를 치고 배출되지만 자신의 터빈에서는 일단 날개에 부딪친 스팀 입자들이 고정 가이드를 지나며 방향을 바꾸어 다시 다음 날개에 부딪쳐 반사되는 것을 반작용으로 간주한 것으로 보인다.

회전익은 고속으로 돌기 때문에 균형이 매우 중요하며 날개에 손상이 생길 경우 터빈 전체가 파괴될 수도 있다. 곧 균형이 맞지 않으면 심한 진동으로 운전이 불가능하거나 베어링 등의 파손을 초래한다.

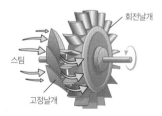
그림 7-10 스팀 터빈의 작동 원리

고정익과 회전익 사이의 간격은 열팽창 등이 허용하는 범위 내에서 좁게 해야 한다. 간격이 넓어지면 스팀이 새어 나가 에너지의 손실을 크게 하므로 스팀 터빈의 효율이 떨어진다. 따라서 이 부품들은 고도의 정밀도가 요구된다.

스팀 터빈은 고압의 스팀을 사용하기 때문에 터빈에서 나온 스팀 역시 높은 에너지를 가지고 있다. 이럴 때는 남은 에너지를 회수하기 위해 보통 한두 단계의 터빈들을 직렬로 더 연결하여 사용한다. 일단 터빈을 통과한 스팀은 그만큼 압력이 줄게 되고 압력이 낮아지면 기체의 법칙에 따라 그 부피가 늘어난다.

스팀 터빈의 총 변환 효율을 높이기 위해 터빈을 직렬로 연결하여 고압 터빈에서 나오는 스팀이 차례로 중압, 저압의 터빈을 거치도록 만들기도 한다(그림 7-11 참조). 이 경우 스팀의 압력이 낮아짐에 따라 그 부피는 늘어나 터빈의 크기가 점점 더 커진다. 이렇게 여러 터빈이 결합된 시스템은 90퍼센트가 넘는 열효율을 보이는데 이는 보일러의 열효율을 제외한 것이다.

보일러의 열효율이 70~80퍼센트 전후인 것을 고려하면 총 열효율은 70퍼센트 내외가 될 것이다. 대형 디젤 엔진의 열효율보다 훨씬 높은 것

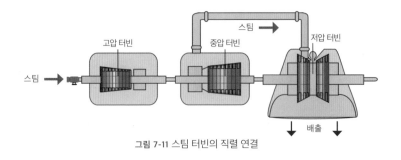

그림 7-11 스팀 터빈의 직렬 연결

그림 7-12 발전소에 설치된 스팀 터빈 장치.
맨 앞쪽이 발전기이다.

그림 7-13
파슨스 터빈의 로터 날개들

이다. 그 때문에 전 세계의 화력발전은 거의 다 스팀 터빈에 의존한다.

스팀 터빈에서 고압, 중압, 저압 터빈과 발전기의 순으로 직렬 연결을 할 수 있는 것에 비해 디젤 엔진에서는 이와 같은 배기의 순차적 사용이 불가능하다. 디젤 엔진의 배기를 다시 연소시킬 수가 없기 때문이다.

헤론-김 터빈

다음은 필자가 발명한 '헤론-김 터빈Heron-Kim Turbine'에 대해 설명하기로 한다.

앞서 본 것처럼 헤론의 에올리필Heron Turbine은 분출하는 스팀의 반작용을 이용하여 회전력을 얻은 세계 최초의 스팀 터빈이었다. 뉴커먼이나 제임스 와트 이후 스팀 터빈에 대한 시도가 여러 번 있었으나 실제적으로 상용화하는 데 성공한 것은 거의 없었다.

1837년, 미국의 에이버리는 헤론의 에올리필과 같은 터빈을 처음 만들어 성공을 거두었다. 그의 첫 터빈은 한쪽 '팔'의 길이가 약 70센티미터 정도로, 관을 통해 '팔' 안으로 들어온 스팀이 양옆으로 뿜어져 나오며 회전력을 제공했다. 이 터빈은 '에이버리 엔진'이라 알려져 널리 이용되었으나 그가 47세의 젊은 나이로 죽자 그의 회사는 파산하고 말았다.

그 뒤 대부분의 스팀 엔진은 전기 모터나 내연기관으로 대체되고 1884년 스팀이 팬의 여러 열列을 통하게 한, 영국의 파슨스가 만든 스팀 터빈만이 스팀 엔진으로는 유일하게 존속해오고 있다.

파슨스형 스팀 터빈은 대형 디젤 엔진을 포함한 현재의 어느 엔진보다 열효율이 높아 전 세계 발전 시장의 80퍼센트 이상이 이 터빈의 개량형으로 발전되고 있다.

파슨스형 터빈은 한 번 사용한 스팀을 몇 번이고 다시 다른 팬을 지나게 함으로써 각 단계에서 압력차를 줄이고 전체적인 변환 효율과 출력을 높인다. 이에 반해 헤론 터빈이나 에이버리 엔진은 한 번 뿜은 스팀을 다시 사용할 수 없어 에너지를 거의 다 낭비하게 된다. 그래서 한 개의 단, 곧 일단형에서는 헤론형이 팬형보다 변환 효율이 높으나 팬의 다단형인 파슨스형보다는 그 효율이 크게 떨어져 헤론(에이버리)형 반작용식 터빈은 파슨스형에 완전히 밀려나게 되었다.

이것을 헤론형 터빈에서도 파슨스형에서처럼 순차적으로 스팀을 이용할 수 있게 한 것이 바로 '헤론-김 터빈'이다. 헤론-김 터빈에서는 헤론의 터빈에서처럼 한 번 사용된 스팀이 바로 대기로 분출되지 않고 밀폐된 환경에서 축에 있는 공간을 거쳐 다음 단계의 분출구로 들어간다.

다음의 구조도를 참조하여 설명하기로 한다.

그림 A에서 속이 빈(관으로 된) 축을 통해 유입된 스팀은 노즐을 통해 분출된 뒤 화살표로 표시된 다음 축의 빈 공간으로 들어가 제 2의 노즐

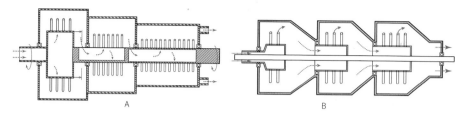

그림 7-14 헤론-김 터빈의 구조도

을 거쳐 다시 배출되고 이렇게 배출된 스팀은 같은 방법으로 그다음 축 안으로 들어가 다시 제 3의 노즐을 통해 분출된다. 이렇게 하면 파슨스 의 터빈에서처럼 전체의 압력차를 몇 단이든 분할하는 것이 가능해지며 각 노즐마다 분출 속도가 줄어들어 에너지 변환 효율을 높이고 전체의 출력도 높이게 된다.

그림 B에서는 제 1단계에서 축 안으로 들어간 스팀이 노즐에서 분출 된 뒤 점차로 좁아지는 터빈의 몸체에 유도되어 다음 분사실로 들어가고 제 2의 노즐을 통해 분출되며 이 과정을 계속 거친다. 이 구조에서는 A형 보다 스팀의 이동에 저항이 적고 난류의 발생도 적어 더 높은 효율을 얻 을 수 있다.

이로써 헤론형 터빈도 파슨스형 터빈처럼 스팀을 여러 번 이용할 수 있게 되는 것이다.

노즐의 형상은 여러 가지로 디자인이 가능하다. 뉴턴의 반작용의 법 칙에 따라 로터를 회전시키는 힘은 노즐의 형태와는 관계없고, 분출되는 스팀의 양과 에너지(운동량)에만 의존하며 그 변환 효율은 스팀과 노즐의 상대 속도에만 의존한다. 단, 노즐은 고속으로 회전할 때 증기에 의한 저 항이 적어야 할 것이다.

이런 점을 고려하면 헤론-김 터빈에 요구되는 정밀도는 현재 파슨스

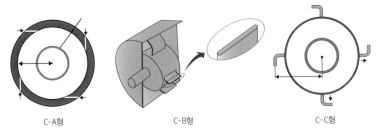

C-A형　　　　　　　C-B형　　　　　　　C-C형

그림 7-15 헤론-김 터빈의 노즐

터빈에서 요구되는 정밀도보다 훨씬 낮은 정도로 가공되어도 문제가 없
을 것이다. 그림 C-A형의 노즐은 가공도 쉬울 뿐더러 고속 회전 시의 공
기저항도 극히 적은 이상적인 유형이 될 것이다.

　이 터빈이 최대의 효율을 갖는 때는 분출되는 스팀의 속도가 노즐의
회전에 따른 접선 속도와 같을 때일 것이다. 이는 실제로 노즐에서 나온
스팀이 분사된 뒤 터빈 몸체에 대해 정지해 있으므로(예를 들어 그림 C-C에
서 로터는 오른쪽으로 돌기 때문에 로터에 붙어 있어 로터와 함께 오른쪽으로 도는 노
즐과 같은 속도로 스팀이 노즐에서 왼쪽으로 나온다면 스팀은 고정되어 있는 터빈 몸
체에 대해 정지해 있는 것이 된다는 뜻이다) 스팀이 갖는 운동 에너지는 0이 된
다. 스팀이 가졌던 모든 에너지가 노즐 곧 로터에 전가된 것이다. 그러므
로 이때의 이론적인 변환 효율은 100퍼센트이다.

　헤론-김 터빈의 장점은 다음과 같이 요약할 수 있다.

1. 헤론-김형 터빈의 설계 및 제작이 파슨스형 터빈보다 훨씬 간단하
　며, 이론적으로 볼 때 실제적인 열효율은 파슨스형 터빈을 넘어설
　것으로 추정된다.
2. 파슨스형 터빈에서는 수천 개의 팬과 가이드(stator, 고정자)들이 정

확한 형상을 가지고 지정된 위치에 있어야 하므로 수많은 정밀 부품의 제작과 고정에 많은 인건비가 들어간다. 터빈의 고속 회전으로 고정 혹은 용접 부분은 철저한 검사를 받아야 하지만, 헤론-김형 터빈의 부품은 견고하고 그 수가 극히 적어 인건비나 재료비를 크게 절감할 수 있다.

3. 노즐은 팬에 비해 기계적으로 견고하고 간단하여 값비싼 특수 재료를 사용할 필요가 없어 재료의 선택에 많은 이점을 갖는다.

4. 팬으로 구성된 파슨스형 터빈에서는 로터(팬)와 터빈 케이싱casing 간의 간격으로 스팀이 누출되어 압력과 효율의 손실이 따르지만 헤론-김형 터빈에서는 그러한 손실이 없다. 소형 파슨스 터빈의 효율이 대형 터빈의 효율보다 낮은 이유 중의 하나는 이 간격을 안전하게 줄이는 데 한계가 있기 때문이다. 헤론-김형 터빈은 특히 중소형의 경우 파슨스형 터빈보다 매우 높은 효율을 가질 것으로 생각된다.

5. 열팽창에 의한 부품의 변형이나 정밀도 등에서 헤론-김형 터빈은 요구되는 수준이 낮아 부품 제작비도 적게 소요된다.

6. 스팀 터빈은 고속 회전을 하는 기계이므로 균형이 매우 중요한데 현재 파슨스형 터빈에서는 이를 조정하는 것이 상당히 어렵고 인건비가 많이 들며 부품의 정밀도도 극히 높아야 하지만 헤론-김형 터빈에서는 이를 쉽게 해결할 수 있다.

7. 수증기 중에 물방울이 섞이면 팬의 마모 등 치명적인 영향을 줄 수 있어 터빈 전체가 파괴되는 경우도 있으나 헤론-김형 터빈에서는 이러한 위험이 없다. 실제 에이버리 엔진은 스팀과 응축된 수증기

가 함께 섞인 경우에도 운전상 지장이 없었다고 기록되어 있다.

8. 헤론-김형 터빈은 기계적으로 견고하며 파슨스형 터빈이 열팽창 등에 의한 회전 부분과 고정 부분의 접촉 등의 문제로 지극히 정밀한 가공이 요구되는 데 반해, 헤론-김형 터빈에서는 그러한 위험이 전혀 없어 운전 관리비가 적게 들 것이다.

9. 실제로 대형 터빈에서 헤론-김형 터빈은 파슨스형 터빈에 비해 10분의 1 내지는 수십 분의 1 이하의 비용으로 제작이 가능하고, 유지 보수 면에서도 비용이 절감될 것이다.

10. 헤론-김형 터빈의 제작도 파슨스형 터빈에 비해 비교가 되지 않을 만큼 짧은 기간에 완성할 수 있다.

8장
내연기관(I)

역사적 배경

처음으로 내연기관Internal Combustion Engine을 연구한 사람은 1680년경 네덜란드의 물리학자 크리스티안 하위헌스이다. 이 책 앞부분에서 물을 퍼내기 위한 대기압 엔진을 설명할 때 이미 소개한 바 있는데 이 엔진을 실용화했다는 증거는 없는 듯하다.

17세기에 영국의 발명가 사무엘 몰랜드Sir Samuel Morland, 1625~1695가 화약을 이용해 물 펌프를 작동하는 기계를 만든 것이 내연기관의 시초로 인정되고 있다. 1794년에는 로버트 스트리트Robert Street가 압축행정이 없는 엔진을 처음으로 특허출원했는데 다음 세기 동안 내연기관의 원리의 기본으로 받아들여졌다고 기록되어 있다.

1806년 스위스의 엔지니어 프랑수아 이자크 드리바즈François Issac de Rivaz, 1752~1828는 수소와 산소에 의한 내연기관을 만들었다. 1824년에는 프랑스의 물리학자 사디 카르노Sadi Carnot, 1796~1832가 이상적인 엔진에 대한 이론 수립으로 엔진 디자인에서 좀 더 과학적인 접근법을 제시했다.

하위헌스의 연구로부터 거의 180년이 지난 1859년에 프랑스-벨기에 국적의 엔지니어인 에티엔 르누아르Étienne Lenoir, 1822~1900가 처음으로 석탄가스와 점화플러그를 사용한 엔진을 만들었는데 연속적으로 운전이 가능했다고 한다. 그의 엔진은 2사이클식 엔진으로 지금과는 달리 압축

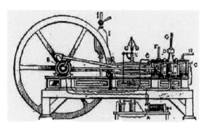

그림 8-1 르누아르가 만든 가스 엔진

행정이 없었다.

이후 르누아르 가솔린을 연료로 하는 엔진을 만들었고, 1863년 2543cc(부피의 단위, 1시시는 1세제곱미터의 100만분의 1)의 실린더로 1.5마력을 내는 엔진을 삼륜차에 장착해 파리와 주앵빌르퐁Joinville-le-Pont 간 10킬로미터 거리를 90분에 걸쳐 달렸다고 한다. 이는 사람이 뛰는 것보다도 느린 속도였으나 상당한 인기를 모을 수 있었다.

1860년대에 르누아르가 만든 가스 엔진(그림 8-1 참조)은 나중에 영국의 리딩철공소Reading Iron Works에 의해 100여 대가 더 만들어졌다.

1862년에는 프랑스의 과학자 알퐁스 보 드로샤스Alphonse Beau de Rochas, 1815~1893가 4행정 엔진Four-stroke Engine에 대한 특허를 신청했으나 실제 엔진은 만들지 않았다고 하며, 그로부터 16년 뒤인 1878년에 독일의 니콜라우스 오토Nikolaus Otto가 처음으로 성공적인 4행정 엔진을 만들었다. 이로써 오늘날 4행정 엔진은 오토사이클 엔진Otto-cycle Engine으로 알려지게 되었다.

2행정 엔진Two-stroke Engine은 같은 해 영국의 두갈드 클러크Sir Dugald Clerk, 1854~1932에 의해 완성되었다. 미국의 엔지니어인 조지 브레이턴George Brayton이 1873년 석유로 운전되는 2행정 엔진을 만들었으나 너무 크기가 크고 속도도 늦어 상업화하는 데 실패했다고 한다.

이처럼 내연기관인 엔진이 지금처럼 상용화되기까지는 많은 사람들의 역할이 필요했다. 그 자취를 더듬어보면 대략 다음과 같이 정리할 수 있을 것이다.

엔진의 발달에 공헌한 사람들

1794년경	로버트 스트리트가 압축이 없는 엔진을 만듦
1806~1807년	스위스의 프랑수아 이자크 드리바즈François Issac de Rivaz가 수소와 산소로 작동하는 내연기관을 만들어 작은 수레 위에 얹고 약간의 거리를 이동함
1823년	영국의 사무엘 브라운Samuel Brown이 압축 과정이 없는 최초의 내연기관에 대한 특허를 신청함
1826년	미국의 사무엘 모리Samuel Morey가 압축 과정이 없는 가스나 증기로 작동하는 엔진의 특허를 취득함
1835~1855년	미국의 알프레드 드레이크Alfred Drake가 가스로 작동하는 엔진을 만듦. 점화장치는 가열된 관을 사용함
1838년	영국의 윌리엄 버넷William Barnet에게 세계 최초로 실린더 내에서 압축이 가능한 엔진에 대한 특허가 주어짐
1844~1846년	미국의 스튜어트 페리Stuart Perry가 역시 내연기관에 대한 가스엔진의 특허를 신청함
1854년	이탈리아의 에우제니오 바르산티Eugenio Barsanti와 펠리체 마테우치Felice Matteucci가 효율적인 내연기관에 대한 특허를 받았으나 생산은 하지 않음
1860년	프랑스-벨기에 국적의 에티엔 르누아르가 한 개의 실린더에 의한 2행정 엔진의 특허를 신청함. 전기점화기를 가졌고 석탄 가스로 가동되었음
1862년	에티엔 르누아르가 1.5마력의 석유로 작동하는 엔진을 만듦. 이 엔진은 간단한 카뷰레터carburetor를 가지고 있음
1862년	프랑스의 알퐁스 보 드 로샤스에게 4행정 엔진의 특허가 주어짐
1866년	독일의 니콜라우스 오토가 4행정 대기압 엔진의 특허를 신청했으나 20년 후인 1886년에 로샤스의 선先출원으로 거절당함. 그럼에도 4행정 엔진은 오토사이클Otto-cycle이라고 알려짐

1870년경	독일-오스트리아계의 지크프리트 마르쿠스Siegfried Marcus가 한 개의 실린더를 가진 4행정 석유로 작동하는 엔진을 만듦
1873~1874년	미국의 조지 브레이턴George Brayton이 석유를 사용하는 엔진을 개발함. 이것이 최초로 안정된 엔진이었다고 인정하는 사람도 있으나 상업화에는 실패함
1876년	니콜라우스 오토가 고틀리프 다임러Gottlieb Daimler, 빌헬름 마이바흐Wilhelm Maybach와 함께 처음으로 실용적인 4행정 엔진을 만듦
1878년	영국의 두갈드 클러크가 2행정 엔진을 발명함
1879년	독일의 카를 벤츠Karl Benz가 좀 더 실용적인 2행정 엔진의 특허를 받음. 그 디자인은 오토에 의한 것이었는데 이후 벤츠는 자신이 직접 디자인한 4행정 엔진을 만들어 차에 장착함
1883년	프랑스의 에두아르 드부트빌Édouard Deboutteville이 한 실린더의 4행정 엔진을 만듦. 난로용 가스를 연료로 사용하였으며 이때 카뷰레터도 만들었다고 함
1884년	드부트빌이 2개의 피스톤을 가진 액체연료 4행정 엔진을 만듦. 이 엔진은 당시로서는 획기적인 피스톤링을 가졌고 공랭식空冷式이나 수냉식水冷式이었으며 소음을 위한 머플러muffler도 있었다고 함
1885년	다임러와 그의 동업자 마이바흐가 처음으로 자신들의 가장 중요한 엔진을 만듦. 이 엔진은 600rpm까지 회전이 가능했는데 당시 거의 모든 엔진은 180rpm이 고작이었다고 함
1885년	다임러와 마이바흐 또한 카뷰레터를 만들었고 이것을 이용한 100cc의 엔진은 600rpm에서 1마력의 출력을 가짐. 11월에 다임러는 그보다 더 작은 엔진을 나무로 된 삼륜차에 실었는데 시속 16킬로미터의 속도를 냄

1886~1889년	다임러와 마이바흐가 600rpm에서 1.5마력을 내는 엔진을 개발하였는데 크기나 효율 면에서 당시로서는 획기적인 것이었다고 함
1893년	독일의 루돌프 디젤Rudolf Diesel이 디젤 엔진을 만들었고 다음 해에 특허를 신청함. 그 특허는 4년 후에 나옴
1896~1897년	처음으로 실용성 있는 디젤 엔진이 가동됨
1897년	스웨덴의 구스타프 에릭손Gustaf Erikson이 파라핀으로 가동되는 엔진을 만듦
1899년	헝가리의 도나트 방키Donát Bánki가 고압축 엔진으로 두 개의 카뷰레터를 가진 엔진을 만듦

그러나 1885년에 독일의 다임러가 명실공히 현재의 가솔린 엔진과 같은 작고 빠르고 또 수직의 피스톤과 카뷰레터Carburetor를 통해 연료를 주입하는 4행정 엔진을 만들고, 1889년에 버섯 모양의 밸브와 두 개의 실린더가 V자형으로 배열된 2기통 엔진을 완성했다.

이 엔진은 당시 그 어떤 엔진보다도 더 높은 출력 대 중량 비Power to Weight ratio를 가지고 있었다고 하며, 1924년에 처음 사용된 전기 모터에 의한 시동장치를 제외하고는 모든 자동차 엔진의 근본이 되었다. 따라서 다임러 엔진이야말로 오늘날 자동차 엔진의 시초라고 할 수 있다.

그림 8-2 다임러의 1.5마력의 2기통 엔진(1889년)

오토사이클 엔진(4행정 엔진)

그림 8-3 니콜라우스 오토

니콜라우스 오토Nikolaus Otto, 1832~1891는 1832년 독일의 홀츠하우젠Holzhausen에서 태어났다. 처음에는 소규모 상품 회사에서 커피와 차tea, 설탕 등을 파는 판매원으로 일했으나 르누아르의 2행정 가스 엔진에 감명을 받아 연구를 시작했다.

그러다가 설탕 공장의 주인이자 엔지니어인 오이겐 랑겐Eugen Langen, 1833~1895을 만나 하던 일을 그만두고 그와 함께 1864년에 엔진 제작회사인 'N.A. Otto & Cie(현재의 독일 DEUTZ AG)'를 설립했다. 3년 후인 1867년에는 대기압 가스 엔진으로 파리만국박람회에서 금상을 수상했다.

그로부터 9년 후인 1876년에 니콜라우스 오토는 최초의 실용적인 4행정 엔진을 만들었다. 그는 1884년 마그네토 점화장치를 발명한 뒤 자신의 연구가 완성되었다고 생각했다. 그의 특허출원은 1886년에 거절되었는데 그 이유는 로샤스Alphonse Beau de Rochas가 이미 4행정 엔진에 대한 책자를 발행했기 때문이었다. 그러나 오토는 로샤스와는 달리 그 엔진을 실제로 만들었다.

그 뒤 오토는 다임러, 마이바흐와 함께 4행정 엔진을 완성했다. 1877

년 10월 23일에는 윌리엄 크로슬리William Crossley, 1844~1911와 함께 가스 엔진에 대한 또 다른 특허를 취득했다.

그는 1891년 1월 26일, 59세로 세상을 떠났다.

카를 벤츠Karl Benz, 1844~1929는 1844년 독일의 카를스루에Karlsruhe에서 태어나 카를스루에대학을 졸업하고 엔지니어이자 자동차 디자이너로 일했다. 그는 일반적으로 가솔린 엔진 차의 발명자로 인정받고 있으며 자동차 제작회사의 최초 설립자로도 알려져 있다. 메르세데스-벤츠Mercedes-Benz가 그가 설립한 회사이다.

그림 8-4 카를 벤츠

다임러와 마이바흐는 서로 동업자로서 벤츠와는 달리 엔진을 연구했으나 벤츠가 먼저 특허를 출원했고 그 후에도 내연기관을 자동차에 이용할 수 있게 하는 일련의 특허를 출원했다. 1878년, 벤츠는 그의 첫 특허를 취득했다. 1883년에 벤츠는 산업용 기계를 만드는 회사 'Benz & Co. Rheinische Gasmotorenfabrik'를 설립한다. 보통 'Benz & Cie.'로 표시

그림 8-5 카를 벤츠의 1885년형 삼륜차. 시속 16킬로미터로 달릴 수 있었다.

그림 8-6 1885년형 삼륜차의 엔진(재현). 958cc 실린더로 0.8마력 600와트의 출력을 냈다.,

되는데 벤츠는 이 회사의 성공으로 자동차('말이 없는 마차')를 만드는 기회를 갖게 된다.

그는 나무로 만든 바퀴가 아닌 철사로 얽힌 바퀴를 썼고, 점화코일을 가졌으며 라디에이터가 아니고 물의 증발로 냉각되는 2기통 수평 실린더의 4행정 엔진을 썼다. 후륜구동의 이 자동차는 1885년에 완성되었다 (그림 8-5 참조). 벤츠는 이 차를 '벤츠 특허 자동차Benz Patent Motorwagen'라고 이름 지었다.

그럼 4행정 엔진(Otto-cycle Engine 혹은 Four-stroke Engine이라고 한다)의 작동원리를 알아보기로 하자.

4행정 엔진의 작동원리

4행정 엔진은 몸체는 실린더, 피스톤과 크랭크로 이루어지고 연료와 공기를 실린더 내로 흡입하는 흡입밸브와 연소가스를 배기시키는 배기밸브, 연료와 공기의 혼합물에 불을 붙이기 위한 전기적인 점화플러그로 구성되어 있다.

흡입행정 Intake stroke
피스톤이 아래로 내려오며 흡입구의 밸브가 열리고 실린더 내부의 압력이 낮아지면서 연료와 공기가 안으로 들어온다. 연료와 공기의 혼합비는 카뷰레터에서 조정된다.

압축행정 Compression Stroke
흡입구의 밸브가 닫히고 피스톤이 위로 올라가며 실린더 내부의 압력이 높아짐에 따라 연료와 공기의 혼합물이 압축된다. 피스톤이 가장 위에 있을 때 곧 혼합물의 압축 상태가 가장 클 때의 부피를, 피스톤이 가장 아래에 있을 때 곧 혼합물의 압축 상태가 가장 작을 때의 부피로 나눈 것을 압축비라고 한다.

폭발행정 Power Stroke

점화플러그에 의해 연료와 공기의 혼합물에 불이 붙는다. 혼합물이 폭발적으로 연소하여 연소가스가 급속히 팽창하면서 피스톤을 밀어내리며 크랭크축을 돌리는 힘이 발생한다. 4행정 중 동력이 발생하는 때는 폭발행정이 일어날 때뿐이다.

배기행정 Exhaust Stroke

피스톤이 가장 아래의 위치로 내려왔을 때 배기구의 밸브가 열리고 피스톤이 올라가면서 가스를 밀어 실린더 밖으로 배출시킨다. 피스톤이 가장 위의 위치로 올라갔을 때 배기구의 밸브가 닫히고 흡입구의 밸브가 열린다. 이렇게 해서 다시 4행정이 되풀이된다.

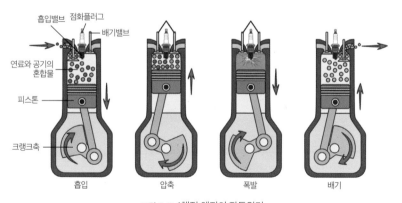

그림 8-7 4행정 엔진의 작동원리

2행정 엔진의 작동원리

2행정 엔진은 기본적으로는 4행정 엔진과 같이 흡입, 압축, 폭발, 배기 과정을 거치지만 이 가운데 일부가 동시에 일어나면서 행정 수를 줄인 것이 특징이다. 곧 압축행정의 처음과 폭발행정의 마지막을 동시에 흡입행정과 배기행정이 되게 한 것으로, 피스톤이 올라가면서 흡입과 압축이 이루어지고 내려가면서 폭발과 배기가 이루어진다.

그림 8-8에서 보는 것처럼 압축행정으로 피스톤이 가장 아래의 위치로 내려왔을 때 배기구로 연소가스가 나간다. 동시에 흡입구의 밸브가 열리면서 피스톤이 위로 올라갈 때 연료와 공기가 들어와 압축되고 피스톤이 가장 위의 위치에 있을 때 점화되어 폭발이 일어난다.

이렇게 2행정 엔진에서는 피스톤이 한 번 왕복할 때 폭발이 한 번 일어나므로 4행정 엔진에서 피스톤이 두 번 왕복할 때 폭발이 한 번 일어나는 것보다 출력이 거의 두 배가 된다. 그렇지만 배기 과정과 흡입 과정

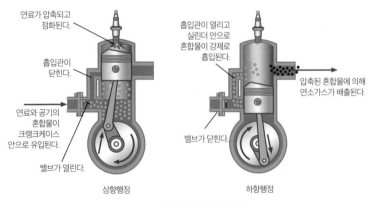

연료가 압축되고
점화된다.

흡입관이
닫힌다.

연료와 공기의
혼합물이
크랭크케이스
안으로 유입된다.

밸브가 열린다.

상향행정

흡입관이 열리고
실린더 안으로
혼합물이 강제로
흡입된다.

압축된 혼합물에 의해
연소가스가 배출된다.

밸브가 닫힌다.

하향행정

그림 8-8 2행정 엔진의 작동원리

의 일치에 따라 흡입되는 연료와 공기의 일부가 사용되지 않은 채 배기구로 배출되어 연료의 소모가 크다.

따라서 2행정 엔진은 같은 출력이라도 부피와 중량을 줄이는 것이 더 중요할 때 사용되며, 주로 모터사이클이나 풀 깎는 기계 등에 쓰인다. 군함과 같이 엔진의 부피와 중량이 작고 출력이 높아야 하는 것에는 비록 연료 효율이 4행정 엔진에 비해 낮더라도 매우 적합한 엔진이다.

앞에서도 소개했지만 이 엔진을 처음으로 만든 사람은 영국의 두갈드 클러크이다. 디젤기관차나 대형 선박의 엔진도 거의가 다 2행정 디젤 엔진이다.

현재 세계에서 가장 큰 내연기관도 2행정 엔진인데 세계 최대의 컨테이너선 가운데 하나인 'Emma Maersk'호에 사용되었다. 이 엔진은 'Wärtsilä-Sulzer RTA96-C'라 알려져 있다.

앞서 설명한 두 엔진 곧 4행정 엔진과 2행정 엔진은, 항공기의 제트 엔진을 제외하고는 오늘날 내연기관의 대부분을 차지한다.

자동차용으로는 4행정 엔진이 주로 사용되고, 디젤기관차나 선박 혹은 모터사이클처럼 출력 대 중량 비가 커야 하는 것에는 2행정 엔진이 사용된다. 선박이나 기관차에는 주로 디젤 엔진이 사용된다.

디젤 엔진

그림 8-9 루돌프 디젤

루돌프 디젤Rudolf Diesel, 1858~1913은 1858년 프랑스 파리에서 태어났다. 그의 부모 테오도어Theodor와 엘리제Elise는 바바리아왕국 아우크스부르크Augsburg 태생의 프랑스 이민자였다. 1870년 프랑스와 프로이센 간에 전쟁이 일어나자 영국 런던으로 이민을 갔고, 그의 어머니는 전쟁이 일어나기 직전 12세인 디젤을 바바리아로 보내 친척 아저씨 댁에 머물게 했다. 그의 친척 아저씨는 왕립 상업학교에서 수학을 가르치고 있었다.

1873년, 왕립 상업학교를 수석으로 졸업한 디젤은 아우크스부르크공과대학에 장학생으로 입학했으며 이후 다시 뮌헨에 있는 왕립 바바리아 공과대학Royal Bavarian Polytechnic에 들어갔다. 그는 질병으로 1879년 예정이던 졸업은 하지 못했으나 스위스의 빈터투어Winterthur에서 기계에 대한 실제적인 경험을 쌓았다. 이듬해인 1880년에 모교인 바바리아공대를 수석으로 졸업했다.

그 뒤 바바리아공대의 카를 폰 린데Carl von Linde, 1842~1934 지도교수를 도와 새로운 냉각기와 얼음 공장을 짓는 일을 도왔고 일 년 후 공장의 책임자가 되었다. 1883년에 결혼한 후에도 그는 계속 린데를 도와 일하며 독일과 프랑스의 특허를 취득했다. 1890년 초에는 가족들(부인과 세 자녀)을 데리고 베를린으로 와서 린데의 연구소에서 연구를 계속하였고 다른 회사의 임원을 지내기도 했다.

디젤은 연구소 직원으로 있으면서 자신이 낸 특허를 사용할 수 없게 되자 다른 분야의 연구를 시작했는데 그 첫 번째가 스팀 엔진이었다. 그는 암모니아증기로 작동하는 스팀 엔진을 만들어 시험하던 중 폭발 사고로 거의 목숨을 잃을 뻔한 부상을 입기도 했다. 당시 그는 카르노사이클(Carnot cycle, 단열 변화와 등온 변화의 과정으로 이루어지는 이상적인 열기관의 사이클) 엔진도 디자인하고 있었다.

1887년 다임러와 벤츠가 자동차 엔진을 발명하자 디젤은 1893년 「현재의 스팀 엔진과 내연기관을 대체할 수 있는 합리적 열 엔진의 이론과 제작법」이라는 논문을 발표한다. 이것이 그가 디젤 엔진을 발명하게 된 기초가 되었다.

그는 열역학을 잘 알고 있었고 스팀 엔진은 그 효율이 10~15퍼센트밖에 되지 않아 거의 모든 열에너지가 낭비되는 것을 인식하고 있었기에 보다 효율적인 엔진을 만들려고 노력했다. 결국 카르노사이클 엔진을 포기하고 고압축 후 최종 단계에서 연료를 분사하는 엔진을 발명한 뒤 특허를 신청했다. 그리고 독일어로 위 논문을 발표한 것이다.

한편, 디젤은 자신의 이론과 디자인에 따라 실제로 작동되는 엔진을 만들었다. 이것이 지금 우리에게 디젤 엔진이라 알려진 엔진이다. 디젤 엔진이 만들어지기까지 당시 'Man AG'의 하인리히 폰 부스Heinrich von Buz 사장의 도움이 컸다고 한다. 훗날 디젤은 미국을 비롯해 각국의 특허를 취득한다.

1913년 9월 29일, 디젤은 앤트워프에서 우편선 드레스덴호를 타고 디젤 엔진 생산에 관한 협의를 위해 런던으로 향하던 중 밤 10시경 선실로 자러 들어가며 아침 6시 15분에 깨워달라는 부탁까지 하였으나 그 뒤 실종되었다. 그리고 보름이 지난 10월 13일에 북해 연안에서 심하게 부패한 시신으로 발견되었는데 그의 아들이 시신의 소지품이 부친의 것임을 확인했다고 한다. 그가 죽은 원인은 정확하게 밝혀지지 않았다.

그러면 다음으로 그의 엔진을 살펴보기로 한다.

디젤 엔진의 특징

디젤 엔진은 4행정 엔진 혹은 2행정 엔진과 외관, 구조가 비슷하지만 점화장치가 없는 것이 다른 점이다. 디젤유는 점화온도가 높고 휘발성이 적어 전기스파크로 점화되지 않는다. 이 때문에 디젤이 연료와 공기의 혼합을 고비율로 압축함으로써 점화가 가능하게 한 것을 1894년에 특허출원했다.

그림 8-10 'MAN AG'에서 만든 최초의 디젤 엔진(1906년)

보통 가솔린 엔진의 압축비가 10:1 전후인 것에 비해 디젤 엔진에서는 압축비가 약 2배인 20:1 전후이다. 기체의 법칙에 따르면 단열상태에서 기체의 부피를 줄이고 압력을 높이면 기체의 온도가 상승한다. 바로 이 점을 디젤이 이용한 것이다.

엔진은 압축비가 높을수록 효율이 올라가므

로 디젤 엔진의 효율이 가솔린 엔진의 효율보다 높다. 가솔린 엔진은 압축비를 더 이상 높이면 조기 발화하여 노킹(knocking, 연료의 이상 폭발) 현상을 일으키면서 출력이 떨어진다. 따라서 점화온도가 낮은 가솔린을 사용하는 엔진에서 압축비를 더 올리는 것은 연료 분사식Fuel Injection 이외에는 불가능하다.

고옥탄가의 가솔린은 점화온도가 높아지므로 압축비를 좀 더 높일 수 있다. 또 디젤유는 같은 부피의 가솔린에 비해 발열량이 크므로 강력한 출력이 요구되는 선박이나 기관차 등에는 주로 디젤 엔진이 사용된다. 디젤기관차란 바로 디젤 엔진을 사용하는 기관차이다.

세계에서 가장 큰 디젤 엔진

세계에서 가장 큰 디젤 엔진은 실린더 수가 14개이고 102rpm으로 회전할 때 10만 9000마력(8만 80킬로와트)의 출력을 가진다. 컨테이너선 'Emma Maersk'호의 엔진이다.

이 엔진은 일본의 아오이 디젤 엔진 회사에서 만들었는데 각 실린더는 1820리터로 출력이 7780마력에 이른다. 총 배기량은 2만 5480리터이고 최대 토크는 560만 8312lb/ft이며 엔진의 길이는 89피트, 높이는 44피트이다. 총 중량은 2300톤으로 크랭크축의 무게만도 300톤이다.

연료 효율은 극히 높아 약 50퍼센트에 달하며 시간당 연료 소비량은 1660갤런gallon이다. 대개의 자동차 엔진이나 비행기 엔진의 연료 효율이 25~30퍼센트 정도인 것을 감안하면 이 엔진의 효율이 상당히 높은 것을 알 수 있다.

그림 8-11 세계에서 가장 큰 디젤 엔진
계열의 10기통용 크랭크축. 12개의
피스톤을 가진다.

그림 8-12
세계에서 가장 큰 선박용 디젤 엔진의 한 종류(14기통)

　현재 대부분의 대형 선박은 이와 같은 디젤 엔진을 사용한다. 보일러
와 스팀 터빈을 사용하면 열효율은 더 높지만 터빈의 안정성(이동용일 때)
과 가격 등을 고려해 디젤 엔진을 사용하는 것이다. 원자력잠수함이나
항공모함 등은 스팀 터빈을 사용한다.

9장

내연기관(II)과 로터리 엔진

그 밖의 내연기관

앳킨슨 엔진

앳킨슨 엔진Atkinson Engine은 1882년 영국의 발명가 제임스 앳킨슨James Atkinson, 1846~1914이 고안한 것으로 출력 대 중량 비를 줄이는 대신 연료의 효율성을 높였다.

이 엔진의 특징은 축이 한 바퀴 돌 때 피스톤이 두 번 왕복하며, 이 두 번의 행정의 길이가 같지 않다는 점이다. 곧 처음 행정에서 연료와 공기를 흡입하는데 이 행정의 길이가 다음 행정인 폭발행정의 길이보다 짧게 되어 있다.

흡입행정의 길이를 짧게 하면 빨아들이는 공기의 양이 적어지고 그에 따른 연료의 양도 줄어든다. 이것은 출력의 저하를 의미한다. 그러나 폭발행정의 길이를 길게 하면 압축비가 늘어나고 고압의 가스가 좀 더 오래 피스톤을 밀기 때문에 연료의 효율이 높아진다.

원래 앳킨슨의 엔진은 당시 독일의 니콜라우스 오토가 4행정 오토사이클 엔진에 대한 거의 모든 특허를 독점하고 있어서 이를 피하기 위해 고안되었다고 한다. 이 엔진에서는 축이 한 바퀴 돌 때 피스톤은 두 번 왕복하고 폭발은 한 번 일어나므로 축 회전에 대한 폭발의 수가 2사이클

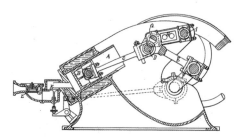

그림 9-1 앳킨슨 엔진의 특허 도면(1887년)

엔진과 같다.

이 엔진의 단점은 크랭크가 두 개 있어서 같은 출력의 엔진의 크기가 4행정 오토사이클 엔진보다는 커진다는 것이다. 그러나 폭발행정이 길어 연료의 효율성이 높은 점 때문에 최근에는 하이브리드 자동차의 엔진으로 크게 각광 받고 있다. 포드, 도요타와 혼다 등 세계 굴지의 자동차 회사들이 이 엔진을 하이브리드 차의 엔진으로 채택하고 있다.

그중 미국 Ford사의 이스케이프Escape를 비롯해 가장 대표적인 것이 일본 도요타사의 하이브리드 차인 프리우스Pirus일 것이다. 이 차는 처음에는 전기 모터로 움직이지만 가속을 하거나 언덕길을 올라갈 때에는 앳킨슨 엔진이 자동으로 작동하여 가속할 수 있도록 하고 있다.

혼다사도 하이브리드 차를 출시하고 있지만 프리우스와는 반대로 주행 시에는 가솔린 엔진을 사용하다가 가속이 필요하거나 언덕길을 오를 때만 전기 모터의 도움을 받는다.

프리우스는 4기통 1.5리터(1500cc) 앳킨슨

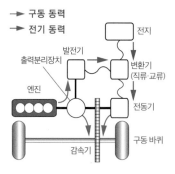

그림 9-2
도요타 프리우스의 엔진 배치도

엔진을 사용하고 있는데 4600rpm에서 76마력을 내는 것으로 알려져 있다. 도요타는 1998년, 일본 국내에서 처음으로 하이브리드 차를 출시했고 2000년부터 미국 시장에도 도입했다. 혼다의 엔진은 6000rpm에서 108마력을 내는 것으로 되어 있다.

앳킨슨 엔진은 뒤에 나오는 것처럼 로터리 엔진으로도 개발되어 있다 (그림 9-10 참조).

밀러사이클 엔진

연료와 공기의 흡입량이 적은 앳킨슨 엔진의 단점을 보완하기 위해 연료와 공기를 슈퍼차지(Supercharge, 강압적으로 연료를 피스톤 내부로 분사하는 것)하는 장치를 추가한 것이 밀러사이클 엔진Miller Cycle Engine이다.

1940년대 미국의 엔지니어인 랠프 밀러Ralph Miller가 특허를 취득했고 주로 발전기의 동력이나 배의 동력원으로 사용되었다. 지금은 거의 모든 자동차 회사들이 이 엔진을 하이브리드 차에 쓰고 있다.

일본 마쯔다사의 밀레니아Millenia 계열의 차와 일본 스바루사의 Subaru B5-TPH 등은 밀러사이클 엔진을 채택하였다.

이제 화석 연료의 고갈에 따라 높은 연료 효율을 가진 엔진이 요구되고 있으므로 오토사이클 엔진 외에 이를 개량한 엔진이나 전혀 다른 엔진의 출현이 기다려지고 있다.

여기에 최근 자동차 엔진의 연료 효율을 높이기 위해 개발 중인 6행정 엔진을 소개한다.

6행정 엔진은 현재의 4행정 엔진에서 발생되는 열을 이용하여 스팀의 힘을 얻으려는 것이다. 이 과정에서 발생하는 스팀은 엔진을 식히는 역할을 하므로 라디에이터에 의한 방열이 필요 없게 된다.

6행정 엔진

6행정 엔진Six-stroke Engine은 브루스 크로어Bruce Crower라는 미국의 한 엔지니어가 제안한 엔진으로, 자동차 엔진인 내연기관의 연료 효율을 높이기 위해 개조된 형태이다. 기존의 4행정에 2행정을 추가한 개념이다.

추가된 2행정은 '스팀행정Steam Stroke'이라고 하여 배기행정이 끝난 후 연료의 흡입 대신 소량의 물을 실린더 내로 분사한다. 이때 물이 뜨거운 엔진 열에 의해 고압의 스팀으로 변하여 피스톤을 밀면서 여분의 힘을 발생시킨다. 동시에 물이 기화하며 실린더 벽의 열을 빼앗아 엔진은 자연히 식게 된다.

처음 시동을 걸었을 때는 엔진이 차가운 상태이므로 물을 분사하지 않고 두 행정을 그대로 지나간다. 그러다가 엔진의 온도가 섭씨 약 200도에 이르면 물을 분사하며 6행정이 정식으로 작동된다. 곧 제 4행정이 끝난 후 연료 펌프를 통해 물이 실린더 내로 분사되어 팽창하며 힘을 발생시키고 피스톤이 올라갈 때 배기된다. 그다음은 다시 제 1행정인 연료의 분사가 시작된다.

전 행정은 다음과 같이 정리할 수 있다.

1. 연료와 공기의 흡입행정
2. 압축행정

3. 폭발행정

4. 배기행정

5. 물 흡입 및 팽창행정

6. 수증기 배기행정

크로어의 프로토타입prototype에서는 물의 사용량이 연료의 사용량과 거의 같고 약 40퍼센트의 연료를 절약했다고 주장한다.

6행정 엔진의 장점은 방열放熱의 형태로 버려질 열에너지를 이용한다는 것이다. 스팀에 의해 엔진 내부의 온도가 내려가므로 가솔린 엔진에서도 압축비를 지금보다 더 높일 수 있다. 높은 압축비는 엔진의 효율을 높인다. 또 노킹knocking을 방지하기 위한 특별한 화학약품을 연료에 첨가할 필요가 없으므로 공해도 덜 일으킨다. 라디에이터와 그 라디에이터에 순환하는 물순환 시스템도 필요 없어 엔진의 무게를 상당히 줄일 수 있다.

6행정 엔진의 단점은 물의 사용에 따른 여분의 물탱크가 필요하다는 것이다. 물의 사용량이 연료의 사용량과 거의 같아 연료탱크만 한 물탱크가 필요하다. 실제 생산 모델에서는 물을 재생해서 사용할 수 있으며 물탱크는 훨씬 작은 크기로도 가능할 것이라고 한다.

현재 디젤 엔진도 이렇게 6행정 엔진으로 바꾼 것이 있다고 하는데 이 엔진은 판매 중인 어떤 하이브리드 엔진보다도 간단하다고 한다. 추가된 엔진의 스팀 파워 스트로크로 엔진의 회전 속도는 좀 줄어도 낮은 속도에서는 더 높은 토크Torque를 낸다고 하며, 이로써 크랭크축의 반경을 크게 할 수 있어 토크를 더 올릴 수도 있을 것이라고 한다.

아직 완성되어 판매되고 있지도 않은 엔진을 소개하는 이유는 우리나라의 자동차 회사에서도 엔진 개량에 관한 다양한 연구가 진행되기를 기대하기 때문이다.

로터리 내연 엔진

　로터리 내연 엔진Rotary Internal Combustion Engine이란 연료의 연소로 발생하는 고압가스가 피스톤과 크랭크에 의존하지 않고 직접 회전운동을 하도록 고안된 엔진을 말한다. 이렇게 함으로써 크랭크를 비롯한 캠(cam, 회전운동을 왕복운동 따위로 바꿔주는 기계장치)이나 밸브 등의 수를 크게 줄일 수 있고, 엔진 전체의 부피와 무게뿐 아니라 크랭크와 피스톤에 의한 저항도 줄일 수 있어 엔진의 연료 효율과 출력 대 중량 비를 많이 높일 수 있다.

　로터리 엔진이 처음으로 자동차의 엔진으로 사용된 것이 바로 방켈 엔진Wankel Engine이다. 그러나 방켈 엔진은 아쉽게도 구조상 로터리 엔진이 갖는 연료의 효율성은 얻지 못하고 있다.

방켈 엔진

　로터리 엔진으로 자동차에 사용된 것으로는 독일의 펠릭스 방켈Felix Wankel, 1902~1988이 발명한 방켈 엔진이 유일할 것이다.

　방켈 엔진은 크랭크가 없는 로터리 엔진으로 외형상으로는 스팀 엔진의 장에서 나온 쿨리 엔진Cooley Engine을 내연기관으로 바꾼 것과 비슷해

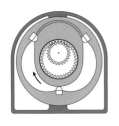

그림 9-3 쿨리 엔진   그림 9-4 움플비 엔진   그림 9-5 방켈 엔진

보인다.

방켈보다 약 20년 앞서 영국의 움플비Umpleby는 1908년에 움플비 엔진을 제안했는데 이들이 방켈 엔진을 탄생시킨 원형으로 생각된다.

방켈은 1920년대에 엔진에 대한 아이디어를 가졌고 1930년대에 특허를 출원했으며 1950년대에 실용적인 엔진 DKM 모델을 완성했다. 여기서 세계 최초로 로터리식 자동차 엔진으로 등장한 방켈 엔진의 역사와 그 기능을 좀 더 상세히 살펴보기로 한다.

기록에 따르면 방켈이 로터리 엔진의 프로토타입을 만든 것은 1920년대였다고 하며 1936년, 로터리 엔진에 관한 특허를 출원했다. 그의 엔진이 완성된 것은 독일의 자동차 회사 NSU(현재 Audi사의 전신 가운데 하나)와의 협력으로 실제로 작동하는 엔진을 만든 1950년대였다.

방켈은 로터와 하우징(housing, 기계의 부품 등을 싸서 보호하는 틀. 여기서는 실린더 부분)의 디자인을 위해 800여 개의 모양을 살펴보았고 그중 150가지를 철저히 검토했다고 한다. 당시는 컴퓨터 시뮬레이션simulation이 불가능하던 때였으므로 그 일이 얼마나 엄청났었던가를 짐작할 수 있을 것이다.

방켈이 개발한 첫 엔진은 'Drehkolbenmaschine DKM'형으로 로터가 안쪽에 있는 중앙 샤프트 주위를 도는 형태인데, 2만rpm까지도 낼 수 있었다고 한다. 그러나 점화플러그를 교체하기 위해서 전 엔진을 분해해야 하는 번잡함을 안고 있어 실용화되지 못하고 대체 모델인 'Kreiskolbenmotor KKM'가 그 후에 개발되었다.

방켈 엔진은 그 기원으로 생각되는 쿨리 엔진과 움풀비 엔진이 삼각형 실린더에 로터가 타원 또는 8자 모양을 가지는 것과는 반대로 로터가 삼각형이고 두 개의 원통형의 돌출부lobe가 있는 실린더가 8자 모양의 에피트로코이드epitrochoid 곡선을 가지는 구조로 되어 있다.

이러한 구조의 방켈 엔진에서는 로터가 3회전 할 때 축은 1회전 하고 축 1회전당 폭발은 3번 일어난다. 그러므로 축 2회전당 한 번의 폭발이 일어나는 4행정 엔진에 비해 출력 대 중량 비가 높다.

방켈 엔진의 장점으로는 출력에 비해 엔진의 크기가 작다는 것과 다른 엔진에서처럼 왕복하는 피스톤이 없어 진동이 적다는 것이다. 또 캠이나 밸브 등이 필요 없어 움직이는 부분도 적다.

한편, 일본의 마쯔다자동차회사는 1960년대에 NSU사로부터 라이선스를 얻어 방켈 엔진을 장착한 RX 시리즈의 차들을 개발해 1960년대 후반부터 판매했다. 그러나 연료 소비가 너무 커서 1차 오일쇼크 이후 급격히 그 수요가 떨어졌고 1996년에는 스

그림 9-6 마쯔다의 RX-7

포츠카로 존재하던 RX-8도 생산이 중단되고 말았다.

다음은 그림을 참조하여 방켈 엔진의 작동원리를 살펴보기로 한다.

작동원리

방켈 엔진의 흡입구와 배기구는 오토사이클 엔진과는 달리 항상 열려 있으므로 그것을 여닫는 캠이나 밸브가 필요 없어 부품 수를 줄이고 에너지 낭비를 막는다.

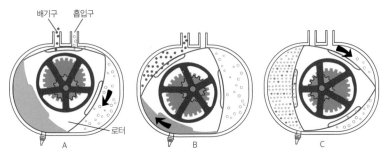

그림 9-7 방켈 엔진의 작동원리

1. 그림 A에서 로터가 화살표 방향으로 돌아가면 흡입구로부터 연료와 공기의 혼합물이 실린더 내로 들어온다.

2. 로터가 그림 B에 있는 위치로 오면 로터에 의해 흡입구가 닫히고, 들어온 연료와 공기의 혼합물이 압축되기 시작한다. 흡입구와 배기구의 개폐는 로터 자체의 회전에 의한 흡인력에 따라 결정된다. 그림 B는 연료와 공기의 혼합물이 압축되어 폭발이 일어나는 과정을 보여주고 있다.

3. 그림 C에서는 폭발이 일어나 팽창하는 가스가 로터를 돌리게 된다.

여기에서 우리가 주목해야 할 몇 가지 중요한 상황들이 있다.

첫째, 로터가 한 바퀴 돌 때마다 각 행정 곧 흡입, 압축, 폭발, 배기 행정이 세 번 일어나고 있다는 점이다. 그러나 축과 로터의 기어의 비가 1:3

으로 축이 1회전 할 때에는 각 행정이 한 번 일어나게 되어 있다.

둘째, 폭발이 일어나서 배기가 되기까지 로터의 회전이 120도가 채 되지 않는다는 점이다. 이는 배기가 될 때의 가스의 압력이 아직도 높은 상태라는 것으로 에너지의 낭비를 의미한다. 다시 말해 축이 360 ÷ 3 = 120도 회전하는 동안만 폭발한 가스가 로터를 밀고 있다(로터가 3바퀴 돌아야 축이 한 바퀴 돌게 되어 있으므로).

이에 비해 가솔린 엔진에서는 축이 180도 회전하는 동안 폭발한 가스가 피스톤을 민다. 그러므로 방켈 엔진에서는 연료의 연소 에너지가 상당 부분 그대로 배출되고 만다. 방켈 엔진의 연료 소비가 피스톤 엔진에 비해 훨씬 높은 이유가 여기에 있다.

셋째, 폭발하는 가스의 압력이 로터를 돌리는 토크로 작용할 때 대부분 로터의 회전 방향과는 반대의 방향으로 작용하고 있다는 점이다. 그림 B나 C에서 폭발한 가스는 그 압력이 로터의 면에 수직으로 작용한다.

그러나 로터의 지렛대의 중심은 두 기어의 접촉면이므로 그 면으로부터 한쪽은 로터를 순방향으로 돌리려고 하지만 그 반대쪽은 로터를 역방향으로 돌리려고 하기 때문에 토크가 상당 부분 상쇄된다. 피스톤 엔진에서는 크랭크의 위치에 따라 압력이 크랭크를 돌리는 모멘트가 변해도 돌리는 방향은 항상 같다. 이 점 역시 방켈 엔진의 연료 효율을 떨어뜨리는 결정적 원인이 된다.

방켈 엔진의 축의 디자인도 로터의 수가 증가하면 크게 복잡해진다. 피스톤 엔진에서는 피스톤의 수가 증가하면 크랭크의 수만 늘고 각도는 원하는 위상차만큼만 돌아간 위치로 하면 된다.

그러나 복잡한 편심운동을 하는 방켈 엔진에서는 축의 모양이 각기

그림 9-8 방켈 엔진의 샤프트(축)

달라진다. 그림 9-8의 축은 로터가 2개(피스톤 엔진의 2기통에 해당한다)인 경우의 모습이다. 이 축의 가공과 설치는 쉽지 않을 것으로 보인다.

방켈 엔진에서 로터의 회전을 바꾸는 것은 축인데 이 축은 피스톤 엔진의 크랭크의 역할을 한다. 따라서 이런 점을 고려하면 방켈 엔진은 크랭크가 전혀 없는 진정한 로터리 엔진이라 할 수 없을 것이다.

사실 방켈 엔진이 다시 자동차의 엔진으로 부활한다는 것은 기대하기 어렵다. 움직이는 부분이 적고 진동이 적다는 등의 장점을 이용하지 못하는 안타까움은 있겠지만 지나친 연료의 소비나 불완전연소에 의한 배기가스(어느 정도 해결되었으나), 로터의 편심운동에 따른 과도한 마모, 고압가스의 기밀 등 문제점이 많기 때문이다.

이외에도 로터리 내연기관으로 특허 신청이 된 것은 많이 볼 수 있지만 거의 다 실용성이 없거나 엔진으로서의 결점을 가진 탓에 상용화되지 못한 듯하다.

다음은 필자가 발명하고 특허 신청을 낸 김 로터리 엔진에 대해 설명하고자 한다.

김 로터리 엔진

김 로터리 엔진Kim Rotary Engine 구조가 매우 간단하여 작동원리를 비교적 쉽게 이해할 수 있을 것이다. 이 엔진을 소개하는 이유는 방켈 엔진이 엄밀한 의미에서는 로터리 엔진이라 할 수 없으며 또 다른 로터리 엔진

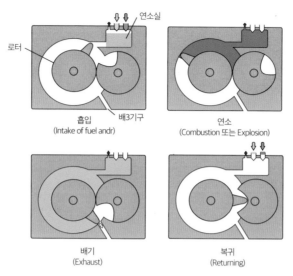

그림 9-9 김 로터리 엔진의 작동원리

이라 제안된 것들도 대부분 복잡한 구조를 가지고 있기 때문이다.

작동원리

1. 로터의 날개 부분이 연소실의 입구에 왔을 때 연료와 공기가 연소실로 분사되며 전기스파크에 의해 점화된다.

2. 연소되어 팽창한 가스는 로터의 날개를 직각으로 밀어 로터를 회전시킨다.

3. 이 가스는 로터가 270도 정도 회전하였을 때 항상 열려 있는 배기구를 통해 배기된다.

4. 로터는 관성에 의해 원위치로 돌아온 후 다시 처음부터 같은 사이클을 반복한다.

김 로터리 엔진은 연료와 공기의 흡입 부분을 공기만을 흡입하게 하면 공기압축기로도 사용할 수 있다. 곧 로터를 두 단으로 하여 한 단은 공기압축기로 사용하고 다른 한 단은 엔진으로 사용하면 미리 공기를 압축하는 것이 가능하게 되어 현재 자동차의 과급기관super-charged engine 처럼 작동한다.

특성

1. 김 로터리 엔진Kim Rotary Engine; KRE은 유일한 진정한 로터리 엔진이다. 로터는 완전한 원운동을 하며 한 방향으로만 회전한다. 이제껏 로터리 엔진으로 성공한 예는 방켈 엔진이 유일한데 그것은 로터가 삼각형의 모양을 가졌고 원운동이 아닌 '에피트로코이드'라는 복잡한 면을 움직이며 축도 동심원의 축이 아닌 이심원eccentrical 으로 움직인다(그림 9-9 참조).

2. KRE의 주요 부품은 모양이 아주 단순해 가공이 쉽다.

3. 부품 수도 오토사이클 엔진(자동차 가솔린 엔진이나 디젤 엔진)이나 방켈 엔진, 제트 엔진(가스 터빈)에 비해 훨씬 적다.

4. 공기는 KRE의 공기압축기에 의해 실린더 내로 연료와 함께 분사되므로 자동차 엔진의 과급기(過給器, 내연기관의 흡입 압력을 높이는 작용을 하는 장치)와 같이 출력을 높여주는 효과를 가진다.

5. 자동차용 4행정 가솔린 엔진(또는 디젤 엔진)에서는 축이 2회전 할 때 한 번의 연소가 일어나지만 KRE에서는 매 회전마다 일어난다.

6. 같은 체적의 엔진에서 KRE의 실린더 부피가 가솔린 엔진보다 훨씬 크며(크랭크가 없으므로) 지금의 자동차 엔진에서는 피스톤-크랭크에

의한 직선운동을 회전운동으로 전환할 때 에너지의 소모가 많으나 KRE에서는 로터가 직접 원운동을 하므로 이러한 낭비를 줄일 수 있어 연료 효율도 많이 높일 수 있다.

7. KRE는 내연기관 혹은 외연기관으로 작동이 가능하다. 물론 스팀 터빈으로도 작동할 수 있다.

8. KRE가 외연기관으로 작동할 때는 외부에 설치된 연소실에 의해 연소가 일어나는데 제트 엔진처럼 연속적으로 일어나므로 출력 대 중량 비를 크게 높일 수 있다.

9. 출력 대 중량 비가 높아 탱크, 헬리콥터, 대형 선박, 건설 기계 등 출력은 크면서 부피는 작은 엔진이 필요한 곳에 적합하다.

10. 움직이는 부분과 부품 수가 적고 원운동만 하므로 기계적 스트레스가 적어 고장 날 확률이 별로 없다. 수리나 정비에 드는 시간과 비용도 자동차 엔진이나 제트 엔진에 비해 적을 것이다.

11. KRE는 엔진을 냉각시키기 위해 엔진이 가열되었을 때 간헐적으로 연료 대신 물을 실린더에 분사하므로 스팀에 의한 출력을 얻게 할 수 있어 연료를 절감할 수 있다.

앳킨슨 로터리 엔진

앞서 소개한 앳킨슨 엔진도 로터리형의 것이 최근 고안되었다.

이탈리아의 엔지니어 리브랄라토 루게로Libralato Ruggero는 앳킨슨 사이

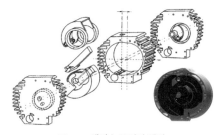

그림 9-10 앳킨슨 로터리 엔진
(오른쪽 아래)과 그 부품들

클Atkinson cycle과 방켈의 로터리 피스톤 엔진을 결합하는 엔진을 개발해 2018년 특허출원했다.

그에 따르면 현재 가솔린 엔진의 2분의 1의 크기로 30퍼센트나 더 많은 출력을 얻을 수 있고 연료도 10퍼센트가 절약된다고 한다.

10장
자동차의 역사

자동차의 발달

세계에서 가장 먼저 인력이나 동물의 힘을 빌리지 않고 움직인 차는 1770~1771년에 시험된 프랑스의 퀴뇨의 증기차일 것이다. 이것은 스팀 엔진의 장에서 이미 설명한 것처럼 당시 전쟁에 쓸 무거운 대포를 끌기 위한 것이었다. 처음 시동에는 성공했으나 그 뒤로 더 개발할 자금을 구하지 못한 것이 개량된 차를 만들 수 없었던 이유인 듯하다.

이어서 영국의 윌리엄 머독이 증기차를 만들었는데 실제로 공인 받을 만한 증기차를 만든 사람은 1801년 리처드 트레비식이 처음일 것이다. 트레비식에 대해서는 이미 앞에서 설명하였다.

이후 여러 사람들이 증기차를 만들어 운행하면서 도로 사용에 대한 문제가 일어나고 또 철로로 수송하는 것이 훨씬 더 경제적이고 수월하다는 것을 인식하게 되면서 증기차는 대부분 증기기관차로 철로에 이용되었고, 영국에서는 내연기관이 발달할 때까지 철도에 그 주도권을 빼앗겼다.

미국에서는 올리버 에번스가 1789년 증기차에 관한 미국 특허를 받고 1805년 첫 수륙양용차를 만들어 시험했다. 월터 행콕이 런던에서 패딩턴까지 증기차를

그림 10-1 1770년의 최초의 자동차 사고(퀴뇨의 증기차)

운행했다는 것도 이미 앞에서 설명한 바 있다.

1838년에는 스코틀랜드의 로버트 데이비드슨Robert Davidson, 1804~1894이 전기차에 대한 특허를 신청했고 미국에서도 같은 종류의 특허가 발행되었다. 데이비드슨은 1832년 이후 전지로 움직이는 간단한 전기자동차를 만들었다고 한다. 그러나 본격적인 자동차의 발달은 내연기관이 나올 때까지 기다려야 했다.

내연기관으로 처음 개발된 것은 당시 석탄가스로 작동하는 기계였다. 1806년 최초로 가스 엔진으로 자동차를 만든 스위스의 엔지니어 프랑수아 이자크 드리바즈는 연료로 수소와 산소를 사용했다.

프랑스-벨기에 국적의 엔지니어 에티엔 르누아르는 1863년 수소가스로 작동하는 단기통의 가스 엔진으로 파리에서 주앵빌르퐁까지 10킬로미터의 거리를 3시간 걸려 갈 수 있었다.

1870년경 오스트리아의 지그프리트 마르쿠스Siegfried Marcus, 1831~1898는 처음으로 액체연료인 가솔린으로 움직이는 차를 만들었다. 그는 저전압을 이용한 마그네토magneto형 점화장치의 특허도 취득했다. 두 번째 차에는 점화장치와 회전하는 브러시, 카뷰레터를 가진 엔진을 사용하여 자동차 디자인의 새로운 혁신을 가져왔다.

그림 10-2 마르쿠스의 두 번째 차

실제적으로 사용할 수 있는 내연기관 자동차의 발명은 독일의 세 사람이 거의 동시에 한 것으로 알려져 있다. 독일 만하임에 있던 카를 벤츠 Karl Benz는 1885년 그의 첫 자동차를 만들었고 이듬해인 1886년 1월 29일에 특허를 냈으며 1888년에 자동차 생산에 성공했다. 그와 거의 동시에 슈투트가르트의 고틀리프 다임러Gottlieb Daimler, 1834~1900와 빌헬름 마이바흐Wilhelm Maybach, 1846~1929는 마차의 형태가 아닌, 자동차로서 새로운 디자인의 차를 만들었다.

1882년 이탈리아 파도바대학의 엔리코 베르나르디Enrico Bernardi는 삼륜차를 만들었는데 그는 차에 18와트(0.024hp)의 122cc 1기통의 엔진을 달았다.

미국에서는 1891년 오하이오주의 존 램버트John Lambert가 가솔린 엔진 삼륜차를 만들었고 펜실베이니아주 앨런타운의 헨리 나디그Henry Nadig가 사륜차를 만들었다.

영국에서도 1895년 버밍엄의 프레더릭 랭커스터Frederick Lancaster가 가솔린 엔진의 4륜차를 만들었다. 그는 디스크 브레이크의 특허를 신청했으며 벤츠 펠로Benz Velo를 본뜬 전기 시동기를 만들었다.

처음으로 자동차를 판매하기 위해 생산한 것은 벤츠였다. 프랑스에서는 에밀 라제Emile Rager가 벤츠의 라이선스를 받았고 1900년에는 프랑스와 미국에서도 자동차를 생산하기 시작했다.

자동차만을 전문적으로 생산하기 위해 설립된 최초의 회사는 프랑스의 파나르-레바소르Panhard et Levassor로 4기통 엔진을 1889년에 처음 생산했고 2년 뒤에는 푸조Peugeot가 생산을 시작했다.

1900년 초에는 유럽에 본격적으로 자동차 생산이 시작되었는데 특히 프랑스는 1903년에 3만 204대를 생산함으로써 당시 전 세계 자동차 생산량의 48.8퍼센트를 차지했다. 일본이 처음으로 자동차를 생산한 것은

그림 10-3
일본에서 생산된 첫 자동차(1898년)

그림 10-4 듀리아 형제가 만든
가솔린 엔진 차(1894년)

그림 10-5
1900년대 초 잡지 표지를
장식한 올즈모빌 자동차

1898년 프랑스의 파나르-레바소르에 의해서였다.

미국에서는 1893년 듀리아 형제Charles & Frank Duryea가 처음으로 자동차 생산 회사 Duryea Motor Wagon Company를 설립했으며 이때 이미 사륜구동과 가스와 전기를 쓴 하이브리드 차도 만들었다.

그러나 당시에 자동차 시장을 선점한 것은 Olds Motor Vehicle Co.(나중에 Oldsmobile로 되었다)이었다. 1903년에는 헨리 포드가 설립한 Cadillac과 Winton, Ford가 생산을 시작했다. 이 회사들에 대해서는 뒤에 상세히 설명하기로 한다.

이 기간 동안 증기차와 전기차, 내연기관차가 격심한 경쟁을 하였으며 여러 가지 새로운 기술도 개발되었다. 1910년경에는 가솔린 내연기관이 거의 시장을 독점하게 되었다.

1900년경에는 유럽 여러 나라에서 자동차를 생산했다. 벨기에의 Vincke, 스위스의 Vagnfabrik AB, 스웨덴의 Hammel, 노르웨이의 Irgens, 이탈리아의 Fiat 등이 생산 회사들이다. 유럽의 차들은 튀니지아, 이집트, 이란 등으로도 수출되었다.

미국의 Studebaker사는 이전에는 마차를 만들었으나 1902년부터는 전기자동차, 1904년부터는 가솔린 엔진 차를 만들었고 마차도 1919년까지 계속 만들었다.

미국의 자동차 시장은 1905년을 기점으로 상황이 바뀌었다. 이전에는 자동차 애호가나 마니아들의 시장이던 것이 일반인들이 주 고객이 되기 시작한 것이다.

기술혁신도 크게 이루어져 로버트 보슈Robert Bosch, 1861~1942가 개발한 전기 점화장치, 독립된 현가장치 시스템Suspension System, 사륜 제동장치 등이 이때 등장했다. 속도를 조정하는 변속장치도 여러 단의 것이 나와 거의 모든 속도를 다 낼 수 있게 되었다.

일반인들이 자동차를 살 수 있도록 자동차의 대중화를 이끈 모델은 1908년에 Ford사에서 나온 'Model T'였다.

포드자동차회사는 헨리 포드가 1903년 6월 16일에 설립하였다. 자본금은 2만 8000달러였고 12명의 주주로 구성되어 있었다. 포드의 나이는 당시 40세였다.

설립 초기에는 하루에 서너 대의 차를 여러 명이 함께 조립했다. 1903

그림 10-6 1896년 포드가 만든 첫 자동차 Quadricycle. 포드가 차 위에 앉아 있다.

그림 10-7 1910년에 생산된 포드 모델 T

년 Ford사는 첫 차에서부터 1908년 Model T가 나오기까지 K와 S 시리즈를 생산하며 조립 라인을 정비했다.

Model T는 운전대가 왼쪽에 있었다. 이후 Ford Model T를 따라 다른 회사들도 오른쪽에 있던 운전대를 다 왼쪽 운전대로 바꾸었다.

Ford사는 처음 임대 공장에서 시작했으나 1907년에 자체 공장을 설립하고 이어 T형 차를 생산했다. 공장이 처음으로 풀가동하던 1909년에는 1만 8000대를 생산하고 1911년 하일랜드파크Highland Park에 있는 더 큰 신축 공장에서는 6만 9762대의 차를 생산했다.

다음 해인 1912년에는 17만 211대를 생산했으며 1913년에는 대량생산을 할 수 있는 라인을 구축했다. 특히 세계 최초로 움직이는 조립라인을 도입해 몸체 조립에 12시간 반이 걸리던 것을 2시간 40분 만에 완성했다. 뒤에 이 조립 시간은 1시간 33분으로 줄어들었다.

그해 생산량은 2만 2667대에 달했다. 1914년의 생산량은 3만 8162대 그리고 1915년에는 5만 1462대였으며 1920년에 들어와서는 생산 대수가 연간 100만 대를 넘어섰다.

1918년에 미국에서 운행되는 자동차의 반이 Model T였다. Model T는 1927년까지 계속 생산되었고 누적 대수는 1500만 대가 넘었다. 한 모델의 차가 이처럼 많이 생산된 기록은 이후 45년 동안 깨지지 않았다.

Ford사의 대량생산은 회사가 처음으로 도입한 일관작업 공정 덕분이었다. 이는 제품의 조립 단계에 따라 다음 부품이 가장 효율적으로 첨가되는 시스템으로 조립 시간을 대폭 단축시켰다. Ford사는 이러한 조립라인 시스템을 1908년에 시작해 1915년에 완성했다.

그 결과 Model T 차는 일반 대중이 살 수 있는 가격으로 팔 수 있었고

그림 10-8 Ford사의 조립라인(1913년)

Ford사의 직원들은 높은 임금을 받았다. 대량생산 시스템의 발전은 대량 소비의 시대를 가져온 가장 큰 원인의 하나였다. 다시 말해 포드의 방식으로 소비자에게 공급되는 물건의 값을 낮춘 것이 대량소비를 촉진한 것이다.

그러면 이렇게 생산시스템을 혁신한 헨리 포드에 대해 알아보기로 한다.

자동차의 대중화

그림 10-9 헨리 포드

헨리 포드Henry Ford, 1863~1947는 1863년 6월 30일 미국 미시건주 디트로이트 교외의 디어본Dearborn에서 태어났다. 그의 아버지 윌리엄 포드는 아일랜드에서 온 이민자였고 어머니 메리는 미시건주에서 태어난, 벨기에에서 온 이민자의 딸이었다.

그는 16세인 1879년에 학교를 중퇴하고 디트로이트에 있는 한 기계제작소에 들어가 내연기관 제조를 배웠다. 1882년에는 디트로이트의 부두 회사에서 일을 했으며 고향으로 돌아와 웨스팅하우스기관회사Westinghouse Electric Company에 수리공으로 취직한다. 1888년에 클라라 브라이언트Clara Bryant와 결혼하고 1893년 외아들 에드셀Edsel Ford을 낳았다.

1891년에는 토머스 에디슨이 경영하던 Edison Illuminating Co.에 취직해 기술을 인정받아 1893년에 최고의 기술자로 승진한다. 그 뒤 틈틈이 취미인 가솔린 엔진에 대해 연구하고 실험한 끝에 1896년 6월, 그의 첫 자동차인 '쿼드리사이클Quardricycle'을 완성한다. 그는 회사 중역회의에서 만난 에디슨이 자신의 자동차를 인정하고 격려하자 자동차 제작에 착수해 1898년 또 다른 자동차를 완성한다.

그 후 에디슨의 회사에서 나와 디트로이트의 목재 재벌인 윌리엄 머피William Murphy의 자금 지원으로 Detroit Automobile Company를 세우지만 실패하고 1901년 회사를 해체한다. 결국 포드는 엔지니어이자 사업가인 해럴드 윌스Harold Wills의 도움을 받게 되고 그해 10월에 26마력짜리 엔진을 가진 차를 만들어 성공함으로써 머피 등과 함께 다시 1901년 11월 30일, Henry Ford Company를 설립한다.

그러나 대주주인 머피가 헨리 릴런드Henry Leland를 자문위원으로 맞이한 데 불만을 가지고 다음 해에 회사를 떠나고 포드가 없는 회사의 이름을 머피가 캐딜락자동차회사Cadillac Automobile Company로 바꾼다.

1902년, 80마력짜리 엔진의 경주용차 '999'를 만든 포드는 경주용차 운전자인 바니 올드필드Barney Oldfield를 통해 석탄 딜러인 알렉산더 맬컴슨Alexander Malcomson의 자금을 지원 받아 유한회사인 Ford & Malcomson Ltd.를 설립하고 자동차 생산을 시작한다.

그들은 기계 회사를 가지고 있던 도지 형제John & Horace Dodge와의 계약으로 16만 달러어치의 부품을 선공급 받기로 하고 생산에 들어갔으나 판매가 여의치 않아 기일 내에 대금 지불을 할 수 없었다. 그러자 맬컴슨이 다른 투자자들을 영입하고 도지 형제도 설득하여 주주가 되게 하였다. Ford & Malcomson Co.는 Ford Motor Company로 개명하고 1903년 6월 16일 재출발했는데 그때의 자본금이 2만 8000달러였다.

새로 디자인한 차로 포드는 호수의 얼음 위에서 1마일(1.6킬로미터)을 39.4초에 주파하는 육상 기록을 남겼고 차의 운전자인 바니 올드필드는 그 차를 '999'라는 이름으로 전국을 다니며 홍보했다. 이로써 포드의 이

그림 10-10 1902년 올드필드와 함께 포드가 '999' 옆에 서 있다

름이 널리 알려졌다. 포드는 미국 자동차경주의 대명사인 '인디애나폴리스 500'의 후원자가 되었다.

1908년 10월, Model T의 등장으로 포드자동차회사가 급격한 발전을 한 것은 앞에서 설명한 바와 같다.

1918년에는 윌슨 대통령의 권유로 미시건주 상원의원으로 출마했으나 근소한 차로 떨어졌다. 포드는 평화주의자였고 윌슨의 'League of Nation'의 열렬한 동조자였다.

그해에 아들에게 회사의 사장직을 물려주었으나 중요한 결정은 언제나 뒤에서 그가 했다. 그 후 포드는 다른 주주들이 가지고 있던 회사 주식을 다 사들였고 Ford사는 완전히 한 가족이 소유한 회사가 되었다.

1920년대에 들어오면서 다른 자동차 회사들이 Model T에는 없는 새로운 여러 장치를 설치하고 판매를 위해 소비자 할부금융을 실시했으나 사장인 아들 에드셀의 권유에도 포드는 거부의 뜻을 굽히지 않았다. 1926년 Model T의 판매가 부진해지자 비로소 포드는 아들의 권유를 받아들이고 다음 해에 Ford Model A를 판매하기 시작해서 1931년까지 5년간 400만 대 이상을 팔았다.

이후 Ford사는 현재 미국의 자동차 회사들이 하는 것처럼 매년 새로운 모델을 생산하게 되었다. 소비자 할부금융에 대한 포드의 반대가 철회된 후에는 Universal Credit Corporation을 설립해서 소비자들이 차를 사는 데 필요한 금융 지원을 했다.

포드는 'Welfare Capitalism(복지 자본주의)'의 개척자로도 알려져 있다. 그는 직원들의 잦은 퇴사를 막고 생산 능률을 향상시키고자 1914년 1월 5일을 기해 최저임금을 일당 5달러로 하는 파격적인 대우를 해주었다. 당시의 최저 임금은 2.34달러였다. 거기에다 그는 근로 시간도 단축했다.

1922년에는 주당 48시간 근무로 일일 8시간씩 6일 근무했으며, 1926년에는 주당 40시간인 주 5일 근무제를 실시했다. 이 때문에 회사의 직공이나 직원의 이직률이 크게 줄어 생산의 안정을 기하게 되었다.

그는 이 내용을 자신의 저서 『나의 인생과 일My Life and Work』에서 '이익의 분배'라고 표현했다. 이익의 분배 혜택은 6개월 이상 근무한 사람이면 누구나 받을 수 있었고, 그 대신 심한 음주나 노름은 금지시켰다. 나중에 근로자의 사생활에 대한 간섭이라는 비판을 받고 온정주의는 회사에 쓸모가 없다고 인정하게 되었다. 그러나 그는 폭넓은 투자와 참여가 사회를 공고히 만들고 회사를 그 어떤 사회적 활동보다 더욱 튼튼하게 할 것이라고 믿었다.

한편, Ford사는 제1차 세계대전과 제2차 세계대전에서 연합군의 승리에 결정적인 역할을 하였다. Ford사가 제작한 B-24 폭격기는 연합군이 가장 많이 생산한 폭격기로 전세戰勢를 급격히 역전시키는 역할을 했다.

Ford사가 생산을 시작하기 전에는 항공사들이 합동해서 제작할 수 있는 최대의 양이 하루 한 대꼴이었다. 그러나 Ford사는 한 시간에 한 대 꼴인 월간 600대 이상을 생산해 많은 비행사들이 공장에서 자며 출하를 기다렸다고 한다. 프랭클린 루스벨트 대통령이 이 디트로이트를 가리켜 '민주주의의 무기고Arsenal of Democracy'라고 할 정도였다.

포드의 철학 가운데 하나는 미국이 경제적으로 다른 나라로부터 독립 해야 한다는 것이었다. 리버루지River Rouge에 있는 그의 공장은 세계 최대 의 산업 단지가 되었으며 자동차를 위한 철강도 그곳에서 생산했다.

그는 다른 나라와의 교역에 관계없이 자동차를 만들 수 있어야 한다 고 생각했다. 경제적 유대가 세계평화를 가져온다는 신념으로 그는 1911 년 영국과 캐나다에 포드 조립 공장을 설립했고, 1912년에는 이탈리아의 아그넬리 피아트Agnelli Fiat와 협력해서 이탈리아 최초의 자동차 조립 공 장을 세웠다.

1920년에는 후버 대통령과 미 상무부의 도움으로 독일에도 공장을 세 웠다. 그 외에 오스트레일리아, 인도, 프랑스에도 공장을 설립했다. 1929 년까지 6대륙 어느 곳에서든지 그의 대리점을 찾을 수 있었다.

그는 또 타이어를 위한 고무를 생산하고자 브라질 아마존 지역에 '포

그림 10-11 1930년 포드의 가장 큰 공장이 었던 리버루지의 포드 공장

그림 10-12
포드의 3엔진 항공기인 Ford 4AT Trimotor

드란디아Fordlândia'라는 고무나무 재배 단지를 만들었으나 유일하게 그것은 실패로 끝났다. 스탈린의 초청으로 소련의 고리키(Gorky, 후에 Nizhny Novgorod로 이름이 바뀌었다) 지역에도 시범 공장을 건설했다.

당시 이곳은 면적이 2.4km×1.6km이고 93개의 빌딩과 45만 평가량의 조립장, 공장 전용 부두를 가지고 있었으며 8만 1000명의 종업원이 종사하고 있는 세계 최대의 공단이었다.

포드는 제1차 세계대전 중에 항공기 제작회사Ford Airplane Co.도 설립해 '리버티Liberty'라는 브랜드의 항공기 엔진을 만들었다. 전쟁이 끝나고 1925년 Stout Metal Airplane Company를 인수할 때까지는 그곳에서 자동차를 생산했다. 포드의 항공기 회사가 만든 가장 유명한 비행기는 Ford 4AT Trimotor였다.

Ford 4AT Trimotor는 독일 Fokker사의 V 시리즈의 VII-3과 흡사했다고 하며, 1926년 6월 처음으로 비행했다. 12명을 태울 수 있는 여객기로서 미국 최초의 성공적인 여객기였다.

이것을 약간 변형시킨 형태의 비행기가 미 육군에서도 사용되었다. 1933년에 생산이 중단될 때까지 약 200대가 만들어졌는데 미국 경제가 대공황을 겪던 때였으므로 판매 부진에 따라 공장을 폐쇄했다.

포드는 생전 자신의 고용주였던 토머스 에디슨을 존경했으며 에디슨이 죽은 후 그의 기념관을 만들기도 했다.

1943년에 아들 에드셀이 49세에 암으로

그림 10-13
1929년 토머스 에디슨(가운데),
하비 파이어스톤(오른쪽)과
함께 있는 헨리 포드
(플로리다의 포트마이어스)

사망하자 잠시 회사에 복귀했지만 건강이 악화되어 손자인 헨리 포드 2세Henry Ford II에게 회사를 물려준 뒤 1947년 디어본에 있는 자택에서 83세를 일기로 세상을 떠났다. 그는 디트로이트에 있는 포드 묘지에 묻혔다.

다음은 그 뒤의 자동차의 발전 상황을 대표적인 모델들을 통해 알아보기로 한다.

1899 다임러Daimler

영국의 유명한 은행가 라이어널 로스차일드Lionel Rothschild가 소유했던 차이다. 유럽 디자인으로 당시 미국 디자인의 차들보다 훨씬 세련되었다는 평가를 받았다.

그림 10-14 다임러(1899년)

고틀리프 다임러는 1900년 66세로 죽었기 때문에 1926년 합병된 Daimler-Benz사의 카를 벤츠를 만나지는 못했다. 그러나 그의 엔진은 독일뿐 아니라 영국과 프랑스의 자동차들에도 사용되었다.

1906 롤스로이스 실버 고스트Rolls-Royce Silver Ghost

6기통인 이 차는 1925년까지 생산되었다. 당시 세계에서 기술적으로

그림 10-15
롤스로이스 실버 고스트(1906년)

가장 뛰어난 엔진을 가지고 있었고 다른 차들에 비해 아주 조용하고 부드럽게 움직였다고 한다. 롤스로이스는 이후 최고급차의 대명사가 되었다.

Rolls-Royce limited는 1904년에 영

국의 엔지니어인 헨리 로이스Henry Royce, 1863~1933와 비행가인 찰스 롤스 Charles S. Rolls, 1877~1910의 합작회사로 출발했다. 처음에는 비행기의 엔진을 만드는 것이 주목적이어서 1960년대에는 여객기의 제트 엔진 개발에 막대한 자금을 투입하기도 했다.

그러나 경쟁사인 General Electric에 시장을 잃고 결국 1973년 자동차 생산 부문인 Rolls-Royce Motor 부분을 분리했다. 제트 엔진 부문은 국유화되었으며, 자동차 부문은 뒤에 독일의 Volkswagen에 흡수되었다.

1926 크라이슬러 임피리얼Chrysler Imperial

Chrysler사의 최고급차 기종으로 1926년에서 1954년까지 생산되었다. 이 차는 Ford와 General Motors의 콘티넨털Continental과 캐딜락Cadillac에 대항하기 위한 것이었다.

Chrysler사는 1925년 미국의 엔지니어인 월터 크라이슬러Walter Chrysler, 1875~1940가 설립했다. 그 전신인 Maxwell Motor Company를 다시 세운 것이다. 신설된 회사는 월터 크라이슬러가 설계한 자동차를 생산했다. 당시 크라이슬러 차는 6기통의 고급차였으나 가격은 다른 회사의 고급 기종에 비해 싼 편이었다.

1926년에 생산된 이 모델은 다른 회사 차들보다 기술적으로 우수한 점을 많이 가지고 있었다. 카뷰레터, 에어 필터, 고압축비 엔진, 압축식 윤활유 주입을 비롯해 네 바퀴 모두 유압식 브레이크를 장착했는데 당시로서는 획기적인 것들이었다.

그림 10-16 크라이슬러 임피리얼(1926년)

1932 캐딜락 V-12 Cadillac V-12 All-Weather Phaeton

12기통의 캐딜락으로 1932년에 생산되었다. Cadillac사는 미국의 엔지니어인 헨리 릴런드 Henly Leland, 1843~1932 가 1902년에 설립하였으나 1905년 General Motors에 인수합병 되었다.

General Motors는 캐딜락을 회사의 최고급 차종으로 육성했다. 이 차종을 위해 V-8(8기통) 엔진을 처음으로 개발했으며, 그 뒤 V-8 엔진은 미국에서 모든 고급 차종 엔진의 기본이 되었다. 이 차종은 V-8 엔진보다 훨씬 강력한 12기통의 V-12 엔진을 가지고 있다.

그림 10-17 캐딜락 V-12(1932년)

1948 링컨 콘티넨털 쿠페 Lincoln Continental Coupe

링컨 Lincoln은 Ford사의 고급차 기종이다. 1917년 헨리 릴런드가 설립했던 회사를 포드가 1922년에 인수한 뒤 링컨 기종을 생산했다. 링컨이라는 이름은 링컨 대통령으로부터 따온 것이다.

릴런드는 원래 헨리 포드의 동업자였는데 독립하여 Cadillac사를 만들고 자동차를 생산했다. 그러나 앞서 이야기한 것처럼 General Motors에 인수되어 GM의 최고급 차종을 만들고 있다.

그림 10-18 링컨 콘티넨털 쿠페(1948년)

Lincoln Motor Co.는 제1차 세계대전 당시 릴런드가 아들과 함께 비행기 엔진을 생산하기 위해 만든 회사였다. 그는 전쟁이 끝난 뒤 고급 자동차를 만들기 위해 생산라인을 바꾸었으나 Ford사에 인수되면서 Ford사의 최고급차 생산 라인으로 바뀌었다. 결국 GM과 Ford의 고급차 생산 부문은 다 릴런드가 세운 회사들에서 만들어지고 있는 셈이다.

1954 스튜드베이커 커맨더 스타라이트 쿠페Studebaker Commander Starlight coupe

1950년대에 많이 알려진 미국 Studebaker사의 커맨더 스타라이트 쿠페이다. Studebaker사를 세운 스튜드베이커 형제Henry & Clement Studebaker는 1852년부터 자동차를 만들었다고 한다. 처음에는 금광용 마차를 제작했으나 1868년에 Studebaker Brothers Manufacturing Company를 설립했다.

20세기에 자동차 산업에 진출하여 1902년 전기자동차를 생산했고 1904년 처음으로 가솔린 엔진 차의 생산을 시작했다. 이때는 다른 협력사들과 동업하면서 다른 이름으로 차를 생산했으나 1913년 최초로 'Studebaker'라는 브랜드의 차를 내놓았다.

그림 10-19 스튜드베이커 커맨더 스타라이트 쿠페(1954년)

1954년 디트로이트의 Packard Motor Company에 의해 합병되어 1954~1962년까지는 Studebaker-Packard Corporation이 되었다가 1962년 이후 다시 Studebaker Corporation으로 사명이 바뀌었다. 1963년, 이 회사의 미국 내 생산이 중단되었고 1966년에는 캐나다에서도 중단되었다.

1961 올즈모빌 스타파이어 컨버터블Oldsmobile Starfire convertible

미국 Oldsmobile사의 차이다. 스타파이어Starfire 시리즈는 천정 부분을 접을 수 있는 컨버터블형만 생산되었고 최고급 Super 88 시리즈의 차였다. 이 차는 V-8 엔진으로 1961년부터 1966년까지 생산되었다.

Olds Motor Works는 미국의 발명가 랜섬 올즈Ransom E. Olds, 1864~1950가 1897년 미시건주의 랜싱Lansing에 설립한 회사로 최초의 Oldsmobile 차는 1901년에 판매되었다.

이 해에 Olds Motor Works는 425대의 차를 생산하고 판매해서 당시 미국 최초의 자동차 대량생산 회사가 되었다. 특히 1901~1904년까지 커브드대시Curved Dash 자동차를 조립 라인에서 생산함으로써 진보적인 조립 시스템을 이용한 최초의 자동차 회사로 꼽힌다.

이후로도 몇 년간은 미국에서 가장 많은 차를 생산하는 회사의 지위를 유지했다. 그러나 자금난으로 1904년 랜섬 올즈는 회사를 떠났으며 General Motors가 1908년에 인수했다. GM은 올즈모빌 시리즈Oldsmobile series를 계속 생산했다.

그림 10-20 올즈모빌 스타파이어 컨버터블(1961년)　그림 10-21 커브드대시 올즈모빌 1904년형

11장

로켓 엔진

로켓 엔진의 역사

　로켓은 역사상 가장 오래된 엔진 중 하나일 것이다. 로켓은 일정 공간 안에서 연소하는 물질이 내뿜는 고온 고압 가스의 반작용으로 가속되는 현상을 이용한 장치로, 기록에 따르면 기원전 4세기경 그리스의 피타고라스학파에 속하는 아르키타스Archytas, 기원전 428~기원전 347가 스팀의 힘으로 나는 새를 처음으로 만들었다고 한다.

　하지만 실제로 그것이 날았을 가능성은 희박하고 앞서 살펴본 고대 그리스의 헤론 터빈Aeoripile이 아마도 반작용의 힘으로 작동한 최초의 장치가 아니었나 생각된다.

　9세기에는 중국에서 화약이 발명되어 화약으로 장전한 화전(火箭, 불화살)을 송나라와 진나라에서 사용하였다. 우리나라에서도 신기전神機箭이 세종 때인 1448년에 발명되었고, 3년 후인 1451년 (문종 1년)에는 화차가 개발되어 수많은 불화살을 상당한 거리(100~150미터 정도)까지 쏘는 무기로서 사용했다.

　이처럼 불이나 수증기를 뒤로 뿜으

그림 11-1
양쪽 두 개의 고체연료 로켓과
가운데 한 개의 큰 액체연료 로켓을 가진
스페이스셔틀의 발사 장면

그림 11-2
다량의 신기전을 쏠 수 있는 화차

면 그 뿜는 물체가 앞으로 나아간다는 것은 고대로부터 알려져 있던 사실이었으나 물체가 날 수 있는 힘의 크기나 발생 원리에 대해서는 1687년, 영국 뉴턴의 『프린키피아(Principia: Philosophiae Naturalis Principia Mathematica, 자연철학의 수학적 원리)』가 발행되어 그의 운동의 제2법칙인 가속도의 법칙과 제3법칙인 반작용의 법칙이 알려지고서부터 과학적으로 이해하게 되었다. 따라서 불화살은 고체연료를 사용한 최초의 로켓이었다고 할 수 있을 것이다.

로켓은 사용하는 연료가 고체인지 액체인지에 따라 크게 고체연료 로켓과 액체연료 로켓으로 나눌 수 있으며, 연료와 산화제가 따로 있어 산화제로 공기를 사용하는 제트 엔진과는 달리 공기가 없는 우주 공간에서도 작동할 수 있다는 이점을 가진다.

로켓의 연료와 추진

고체연료 로켓

고체연료 로켓Solid fuel Rocket이란 화약과 같이 연료와 산화제가 함께 섞여 있는 상태의 추진체를 가진 로켓을 말한다. 추진체의 양과 시간당 연소량 등이 사전에 계획되어 있어 발사 자체로는 점화하는 것만이 남은 셈이다.

이 로켓은 연료와 산화제를 섞는 펌프나 기타의 엔진이 필요 없고 고압의 연소가스가 팽창하여 고속의 운동 에너지를 갖도록 하는 드라발 노즐de Laval Nozzle이 있을 뿐이다. 그러므로 연료와 산화제의 주입 등 발사

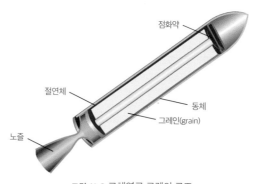

그림 11-3 고체연료 로켓의 구조

전에 준비해야 할 일이 별로 없으며 값비싼 엔진이 따로 없어도 된다. 이러한 이유들로 군사용 로켓은 거의 전부가 고체연료 로켓이다.

고체연료로는 다양한 화합물이 사용될 수 있는데, 장기간 보관하는 데 안정적이며 분자량이 비교적 작고 열량을 많이 내는 연료가 적합하다. 신기전 등에는 화약이 연료로 사용되었다.

액체연료 로켓

액체연료 로켓Liquid fuel Rocket은 연료와 산화제를 저장하는 통으로부터 펌프로 주입된 연료와 산화제가 연소실Combustion Chamber에서 연소하여 고온과 고압의 가스가 발생하고 이것이 좁은 통로의 노즐목nozzle throat을 지나면서 가속되어 외부로 고속 분출한다.

이때 점점 좁아지는 공간과 넓어지는 공간은 스팀 터빈의 장에서 설명한 드라발 노즐이 주로 제공한다(그림 11-4 참조).

고체연료 로켓의 연료가 타들어 가는 모습(그림 11-5 참조)을 보면 일반적으로 연료는 뒤에서부터 차차 앞쪽으로 타들어 갈 것이라는 생각이 틀릴 수 있다는 것을 알 수 있다. 로켓의 최초의 중량이 가장 크므로 맨 처음에 가장 많은 연료의 연소가 일어날 것이기 때문이다. 그림 11-5의 연

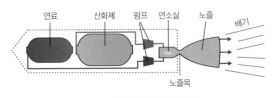

그림 11-4 액체연료 로켓의 추진

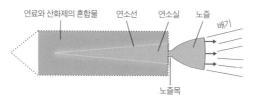

연료와 산화제의 혼합물　연소선　연소실　노즐

배기

노즐목

그림 11-5 고체연료 로켓에서 연료가 타들어 가는 모습

소선(Flame Front, 또는 연소면)을 보면 이러한 점을 이해할 수 있다. 뒤편에 장전된 화약의 양이 앞쪽보다 적어 연소선이 처음에는 긴 예각삼각형의 형태를 띠나, 연소가 진행됨에 따라 뒷부분이 먼저 연소가 끝나면서 차차 둔각삼각형 모양이 되어 연소 면적이 줄어들 것임을 짐작할 수 있다.

한편, 실제 액체로켓 엔진에서 볼 수 있는 투명한 불꽃은 수증기가 고온으로 가열된 것이다(그림 11-7 참조). 이 로켓의 연료와 산화제는 수소와 산소이므로 그 배기가스는 수증기이며, 수증기가 가열되어 불꽃과 같은 빛을 내고 있는 것이다.

긴 나팔과 같이 생긴 부분은 드라발 노즐이다. 드라발 노즐을 통과한

그림 11-6 액체로켓 엔진.
드라발 노즐의 좁아지는 부분(수축부)과
넓어지는 부분(확대부)을 잘 보여준다.

그림 11-7 바이킹 위성에 사용된 액체로켓 엔진들

가스를 물리학적 관점에서 보면 노즐 통과 전에 가스가 가지고 있던 열에너지는 노즐 통과 후 대부분 일정 방향의 운동 에너지로 변한다. 분자운동론에 따르면, 가스 분자의 열에너지는 다름 아닌 분자들의 운동 에너지이며 다만 열에너지인 경우 그 운동의 방향이 모든 방향으로 균등하게 분포되었다는 것이 다를 뿐이다.

드라발의 노즐을 통과한 가스는 초음속으로 가속되는데 이때 가스가 가지고 있던 열에너지는 대부분 일정 방향의 운동 에너지로 변한다. 곧 임의 방향의 열운동 에너지가 드라발 노즐을 지나면서 대부분 한 방향(곧 뒤쪽)으로 전환된다. 총 에너지의 양은 불변이나 총체적인 운동 에너지의 방향이 바뀌는 것이다. 이것을 다른 관점에서 보면 열에너지(임의 방향의 운동 에너지)가 일정 방향의 운동 에너지로 변한 것으로 간주된다.

이처럼 일정 방향으로 분출되는 가스의 운동량은 뉴턴의 제3법칙에 따라 일부는 로켓의 몸체에 전달되고 나머지는 가스 분자들의 운동 에너지로 분출된다. 하지만 로켓 몸체 밖으로 분출된 가스 분자들이 갖는 에너지는 더 이상 로켓의 몸체를 추진시키는 작용을 할 수 없으므로 에너지의 낭비가 된다.

밖으로 분출되는 가스 분자들이 노즐을 떠난 후 최소의 운동 에너지를 갖게 되면 에너지보존법칙에 따라 로켓 본체는 최대의 에너지를 전달받는다. 이것은 로켓 본체에 남은 질량과 분출되는 가스 질량의 질량중심에 대한 것으로, 분출되는 가스와 로켓 본체의 속도가 같고 방향이 정반대일 때 최대가 된다(다시 말하면 노즐에서 나오는 가스의 속도가 로켓이 나아가는 속도와 같으면 그 방향이 정반대이므로 배출되는 가스는 지상의 관측자에게는 정지해 있는 것같이 보인다. 곧 관측자에 대해 상대적 운동량은 0이 되어 모든 연소 에너지가 로켓 본체의 운동 에너지로 변했음을 의미한다).

이 질량중심은 변하지 않으며 항상 로켓이 정지상태에 있을 때의 질량중심과 같다. 따라서 지상에 대한 로켓의 속도가 로켓으로부터 분출되는 가스의 상대속도와 같을 때 이론적인 에너지 변환 효율은 100퍼센트가 된다.

다음의 그래프는 드라발 노즐을 통과한 가스의 온도, 압력과 속도 사이의 관계를 보여준다.

그래프에서 M은 대기 중의 음속을 나타낸다. 고온의 가스에서의 음속은 대기 중의 그것보다 훨씬 높은 1700m/sec에 이를 수도 있다. 이러한 속도의 증가는 주로 온도에 따른 것이다. 음속은 온도의 제곱근($\sqrt{T}$)에 비례한다.

드라발 노즐을 통과한 분출가스의 속도는 지상의 대기 중 음속의 10배까지 올라가는 경우도 많이 있다. 그러나 고속으로 나오는 가스의 운동 에너지가 로켓을 움직이는 에너지로 변환되는 효율은 로켓의 지상에 대한 속도와 분출 속도(로켓 출구에 대한 가스의 상대속도)에 따라 달라진다.

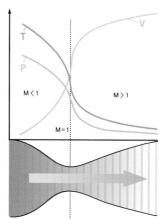

그림 11-8 드라발 노즐 통과 전후의
전형적인 온도(T)와 압력(P), 가스의 속도(V)

분출가스의 추진 효율

로켓 엔진에서 분출가스에 의한 효율을 높이기 위해서는 분출가스의 최대한의 압력이 노즐에 작용하는 것이 필요하다. 이 압력은 뉴턴의 제3법칙에 따라 로켓을 추진시키는 힘으로 작용하는데 다음과 같은 요소들이 중요하다.

- 추진 연료를 최대한 고온으로 가열할 것(그러기 위해서는 고열량을 내는 연료가 필요하다.)
- 되도록 비중이 낮은 연료를 사용할 것(분출가스의 속도가 높아진다.)
- 직선운동을 증가시키기 위해 자유도degrees of freedom가 단순한 분자로 분해되는 연료와 산화제를 사용할 것(분자의 회전운동 등에 의한 직선운동의 감소를 줄이기 위해서이다.)

일정 하중을 최종적으로 일정 속도까지 로켓으로 가속시키려면 로켓의 크기 등이 얼마나 되어야 하는지를 알아보기 위해 간단한 수식을 검토해보기로 한다.

로켓의 처음 질량을 m_o, 연료를 다 소비한 후 남은 질량을 m_f라 하고, 연소되어 분사되는 로켓 몸체에 대한 가스의 상대속도를 k, 로켓의 속도를 v라고 하면 뉴턴의 제2법칙과 제3법칙에 따라,

$$mdv = -kdm \text{ (} m \text{은 임의의 순간의 로켓의 질량) 혹은}$$

$$\frac{dm}{m} = -\frac{1}{k}dv$$

가 되며, 양변을 적분하면 다음과 같다.

$$ln\ \frac{m_f}{m_o} = -\frac{1}{k}v$$

$$\therefore\ v = k\,ln\ \frac{m_f}{m_o}$$

여기서 로켓의 최종 속도는 연료의 분사 속도 k와 처음의 로켓 질량과 연료 소비 후 남은 로켓 질량의 비의 로그함수에 비례하는 것을 알 수 있다. 다시 말해 최종 궤도에 올릴 위성의 무게가 무겁거나, 그 궤도가 높은 속도를 요구하는 궤도라면 최초의 로켓의 크기(연료의 양)는 커진다는 것을 나타낸다.

그러나 실제의 연료 효율은 로켓의 속도가 증가함에 따라 높아진다는 것을 다음의 물리학적 검토로서 알 수 있을 것이다. 이 점은 이미 헤론-김 터빈에서도 간단하게 설명한 바 있는데 다시 한 번 설명하기로 한다.

처음 로켓이 정지하고 있을 때 뿜어내는 가스의 모든 운동 에너지는 가스의 분자들이 가진 채 뒤로 나가고 로켓에 전가된 운동량(혹은 운동 에너지)은 0이다. 곧 로켓은 아직 정지상태에 있어 속도 v가 0이므로 로켓의 운동 에너지 $E = 1/2mv^2$은 0이다. 이때 에너지는 로켓의 운동에는 전혀 전달되지 않아 에너지의 전환 효율은 0이 된다. 에너지보존법칙에 따라 연소로 발생한 모든 에너지는 뒤로 뿜어져 나오는 연소가스의 운동 에너지로 변환된 것이다. 분출되는 가스의 운동 에너지 $Eg = 1/2(dm)k^2$이다(dm은 매초 분출되는 가스의 질량).

그러나 로켓의 속도 v가 증가하면 지상에서 관찰되는(혹은 로켓 본체와 분출된 가스의 질량의 중심에 대한) 배기가스의 속도는 $k-v$가 되어 로켓은 운

그림 11-9 실제 로켓 엔진의 실험 장면

동 에너지가 $1/2mv^2$이 되고 매초 방출되는 가스가 가지는 운동 에너지는 $1/2dm(k-v)^2$으로 줄어들게 된다. 로켓의 속도가 계속 증가하여 분출되는 가스의 속도와 같아지면 지상의 관측자가 보는 가스는 분사구를 나온 후 공중에 정지해 있고($k-v=0$이므로) 분사되는 가스가 가졌던 운동 에너지 $1/2(dm)k^2$은 모두 로켓에 전가되었다.

그러므로 이때의 에너지 전환 효율은 100퍼센트이다. 곧 분사하는 모든 에너지는 로켓이 받게 된다. 이로써 로켓의 속도가 증가함에 따라 연료의 에너지 전환 효율도 함께 증가하는 것을 알 수 있다.

고체연료 로켓은 산화제와 연료가 이미 적합한 비율로 섞여 있고 또 상온에서 보관되므로 액체연료 로켓보다 유지와 발사 과정이 훨씬 간단하다. 이에 비해 액체연료 로켓은 사용하는 연료와 산화제에 따라 극히 낮은 온도를 유지해야 하는 경우(액체 수소와 산소처럼)가 많으므로 고체연료 엔진보다 훨씬 더 복잡하다.

액체연료 로켓에서는 다음과 같은 점에 주의를 기울여야 한다.

• 로켓 전체의 중량에서 추진제(연료와 산화제)가 차지하는 비중이 매우

크기 때문에 추진제가 줄어들면 로켓의 중심은 뒤쪽으로 옮겨 간다. 이때 무게의 중심이 로켓 추진을 방해하는 저항의 중심에 너무 가까우면 로켓 조정이 불가능하게 될 위험이 있다.

• 액체연료가 '반죽'이 되는 경우도 있는데 이럴 때는 로켓의 조정이 불가능해진다.

• 액체연료 엔진은 중력이 0인 상태에서 가스를 함께 흡입하는 것을 방지하는 장치가 필요하다. '얼리지 모터Ullage motor'로 알려진 별도의 추진 엔진은 중력이 0인 상태에서 약간의 가속을 낼 수 있는 로켓 엔진으로, 가스가 엔진의 연료 흡입구로부터 위로 떠오르게 해준다.

• 액체연료는 쉽게 샐 수 있어 폭발의 위험에 특히 조심해야 한다.

• 액체연료나 산화제를 공급하는 터보펌프는 디자인이 매우 복잡하여 오작동의 위험이 항상 따른다. 생산 과정에서 남은 철의 아주 작은 조각도 큰 위험을 초래할 수 있다.

• 액체 수소나 산소와 같은 초저온의 추진체에는 공기 중의 수증기가 아주 견고한 얼음의 결정으로 변해 들어가서 실seal이나 밸브를 막거나 상하게 할 수 있다. 따라서 시스템 전체를 사전에 냉각시켜 수분을 제거할 필요가 있다.

• 저온의 액체 추진제는 탱크의 외부에 얼음을 얼게 하고 이것이 비행 도중 떨어져 로켓에 큰 손상을 입힐 수 있다.

• 액체연료 로켓은 몹시 복잡하여 고장의 원인을 제공한다.

• 액체연료 로켓은 연료와 산화제의 주입 등 발사 직전에 많은 준비가 필요하므로 군사용으로는 적합하지 않다. 이런 이유로 군용 로켓은 거의 다 고체연료 로켓이다.

- 대기 중에서 사용할 때는 연료탱크의 얇은 벽이 대기압에 의해 찌그러지지 않도록 주의해야 한다. 항시 내부의 기압이 너무 낮아지게 해서는 안 되는 것이다.

고체연료 로켓은 취급이 간단하고 위와 같은 불편은 없으나 고체연료와 산화제가 항상 섞여 있는 상태여서 화약과 같이 폭발의 위험성이 있으므로 반드시 고온이나 충격 등을 방지해야 한다.

최초로 액체연료를 사용한 V-2 로켓

제2차 세계대전 때 실전에 사용된 V-2 로켓(그림 11-11 참조)은 베른헤르 폰 브라운이 설계한 최초의 액체연료 로켓이다. 고체연료 로켓은 이미 우리나라의 화전火箭이나 바주카포bazooka砲 등 여러 무기에 사용되고 있었다.

V-2 로켓은 2차대전 말기 나치 독일이 막대한 자금을 동원하여 개발했는데 3000여 기가 영국의 런던 등을 공격해 많은 인명 피해를 냈다. 이 로켓은 인류 역사상 처음으로 준우주궤도Sub orbital space 공간을 난 로켓이지만 정확도는 없었다.

발사 시 약 65초간만 엔진이 작동해 고도 약 80킬로미터에 이르면 엔진이 꺼지고 자연낙하의 궤도를 따르도록 설계되어 있었다. 연료로는 알코올과 물의 혼합액이 산소와 함께 사용되었고, 고온의 수증기를 발생시키기 위해 과산화수소hydrogen peroxide와 과망가니즈산칼륨Potassium permanganate이 촉매로 사용되었다.

그림 11-10 V-2 로켓의 발사 장면
(1943년)

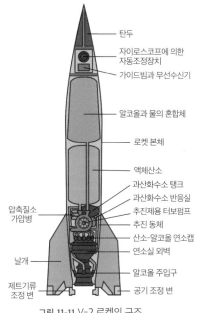

탄두

자이로스코프에 의한
자동조정장치

가이드빔과 무선수신기

알코올과 물의 혼합체

로켓 본체

액체산소

과산화수소 탱크

과산화수소 반응실

추진제용 터보펌프

추진 동체

산소-알코올 연소캡

연소실 외벽

알코올 주입구

공기 조정 변

압축질소
가압병

날개

제트기류
조정 변

그림 11-11 V-2 로켓의 구조

연소실의 온도는 섭씨 2500~2700도에 이르렀으며 산소와 연료가 완전히 혼합되도록 1224개의 노즐을 통해 연소실로 분사했다고 한다. 연료와 산소를 나르는 펌프는 스팀 터빈이었고 연료가 연소할 때 발생하는 스팀이 이용되었다고 한다.

V-2 로켓의 조정은 뒤쪽에 있는 네 개의 키Rudder와 엔진 끝의 그래파이트graphite로 된 네 개의 날개에 의해 이루어졌다. 두 개의 자이로스코프gyroscope는 수직과 수평 방향의 안정성을 유지했다. 고도 조정은 엔진을 끄는 시간으로 결정되었는데 이는 간단한 아날로그형의 컴퓨터와 자이로스코프 가속계gyroscopic accelerometer를 따랐다.

V-2 로켓의 발사는 주로 발트해 부근의 페네뮌데Peenemuüende 등에서 이루어졌는데 개발 과정에서 다음과 같은 점들이 지적되었다.

- 탱크의 무게와 압력을 줄이기 위해 고압력 고용량의 터보펌프가 필요했다.
- 연소가 끝까지 완료되지 않는 짧고 가벼운 연소실이 개발되었는데 원심 분사 노즐Centrifugal injection nozzle, 혼합실과 균일한 연소를 위한 수렴노즐converging nozzle, 노즐목nozzle throat을 이용했다.
- 노즐목에서 타들어 가는 것을 방지하기 위해 필름냉각Film cooling을 이용했다.
- 릴레이Relay의 접점 등은 진동에 안전하도록 만들었다.
- 연료 파이프는 거의 장력tension을 받지 않도록 곡선을 완만하게 했다. 이는 특히 3000~6000피트 상공에서 파열하는 것을 막기 위한 것이었다.
- 날개들은 배기 온도에 따라 팽창, 손상되지 않도록 충분한 간격을 두었다.
- 발사 시와 초음속에서의 궤도 조정을 위해 내열성 그래파이트 베인 graphite vane을 키rudder로 사용했다.

V-2 프로젝트는 나치 정권에서 가장 값비싼 개발 과제였으며 6048개의 V-2 로켓이 만들어져 3225개가 발사되었다고 한다. 나치의 장군인 한스 카믈러Hans Kammler는 아우슈비츠Auschwitz 등 몇몇 개의 수용소를 만들었고 그곳에 수용된 사람들을 V-2 로켓을 만드는 노예로 강제 동원 했는데 이때 죽은 사람의 수가 로켓이 적국에 발사되어 죽은 사상자 수보다더 많았다고 한다.

한 대의 V-2 로켓을 만드는 데 약 30톤의 연료와 폭약이 필요했지만 전시 중인 독일이 폭약을 충분히 준비하지 못한 때에는 콘크리트 등을 사용하기도 했다고 한다. 패전을 눈앞에 둔 나치는 V-2 로켓을 그들의 최후의 방편으로 사용했다.

비록 V-2 로켓이 전세를 바꾸지는 못했으나 상대국(영국)에는 심리적으로 큰 영향을 주었다. V-1과는 달리 V-2는 초음속으로 날아왔으므로 사전 경고가 없었고, 그것에 대한 적절한 방어책이 없었기 때문이다.

다음은 로켓의 발전에 기여한 사람들에 대해 알아보기로 한다.

로켓을 만든 사람들

그림 11-12 로버트 고더드

로버트 고더드Robert Hutchings Goddard, 1882~1945는 미국의 물리학자로 액체로켓 개발의 선구자이다. 그는 1926년 3월 16일, 세계 최초의 액체로켓을 발사했으며 1930~1935년에 시속 885킬로미터에 이르는 로켓을 쏘아 올렸다. 그의 업적은 당시로서는 혁명적인 것이었으나 다른 학자들은 그의 이론에 냉소적이었다. 그는 살아 있는 동안은 거의 인정을 받지 못했지만 죽은 뒤 차츰 현대적인 로켓의 아버지로 추앙받게 되었다.

고더드는 1859년 매사추세츠주의 우스터Worcester에서 태어났다. 어릴 때부터 물리적인 현상에 큰 호기심을 가졌으며 위대한 발명을 꿈꾸었다. 특히 연과 풍선으로 공중을 나는 것에 관심이 많았던 그는 16세에 집에서 알루미늄으로 큰 풍선을 만들려고 했으나 실패했다. 이때 웰스H. G. Wells의 과학소설 『우주전쟁』에 큰 흥미를 느끼고 1899년에 로켓을 연구할 결심을 하게 되었다.

그는 고등학교를 졸업하고 바로 우스터공과대학Worcester Polytechnic Institute에 진학해 물리학과의 윌머 더프Wilmer Duff 교수의 실험실 조수가 되었다. 대학을 다니는 동안 '비행기를 안정시키는 법'에 대한 논문을 써서 과학지 〈사이언티픽 아메리칸Scientific American〉에 투고했는데 그의 글은 1907년에 발표되었다.

그는 이것이 운항 중인 비행기를 안정시키는 방법으로는 처음 제안된 것이었다고 일기장에 기록하고 있다. 당시는 많은 과학자들이 한창 자이로스코프를 이용한 안정법을 연구하던 때였다. 1908년에는 우스터공대에서 학사학위를 받고 1년간 강사로 일하다가 이듬해인 1909년, 클라크대학교Clark University에 입학한다.

그의 액체로켓에 관한 첫 논문은 1909년 2월에 발표되었다. 그는 로켓의 능률을 올리는 방법을 여러 가지로 고려했고 액체수소와 액체산소를 사용하는 로켓으로 50퍼센트의 효율을 올릴 수 있다고 믿었다. 1911년 클라크대학교에서 박사학위를 받은 뒤 1912년 프린스턴대학교의 연구원이 되었다.

그러나 불행히도 1913년 초에 결핵에 걸리면서 고향인 우스터로 돌아와 장기간의 휴양을 해야 했다. 이때 그는 자신의 생애에서 가장 중요한 일을 했는데 곧 두 개의 특허를 출원하고 획득한 것이다. 첫 번째는 다단계 로켓에 관한 것이고 두 번째는 연료로서 액체 산화질소의 사용에 관한 것이다. 이는 로켓 역사상 획기적인 이정표를 제시한 것이었다.

1915년 고더드는 클라크대학교에서 진공 중에서도 로켓이 작용한다는 사실을 증명하는 실험을 해야 했다. 당시 많은 다른 과학자들은 뉴턴의 반작용의 법칙이 진공 중에서는 작용하지 않을 것이라고 믿고 있었기 때문이다. 물론 그의 실험은 대기 중에서의 로켓 성능이 실제로 진공 중에서보다 떨어진다는 것을 밝혀냈다.

그는 1915년에서 1917년 사이에 이온 로켓ion rocket 실험을 했다. 진공 상태의 고공에서 로켓을 추진하는 것이었는데 그가 만든 조그마한 유리로 된 엔진을 대기압 중에서 시험했을 때 이온화된 공기의 입자가 가속하는 것을 보였다.

1916년, 어느 정도 건강이 회복되자 고더드는 클라크대학교에서 연구를 계속하여 스미스소니언 인스티튜트Smithsonian Institute 로부터 5년간에 걸친 연구비로 5000달러, 클라크대학교로부터 3500달러를 지원 받아 우스터공대의 한 실험장을 빌려 실험을 했다.

그 외에 군을 위한 바주카포의 개발 실험도 하였으나 실험을 한 이틀 뒤 제1차 세계대전이 끝나면서 그의 이 프로젝트는 클라크대학교의 히크먼Clarence N. Hickman 박사가 물려받아 완성시켰다.

1919년에는 스미소니언 인스티튜트가 그의 획기적인 논문「A Method of Reaching Extreme Altitudes(극한의 고도에 이르는 방법)」라는 로켓에 관한 이론과 고체연료 로켓에 의한 실험 결과를 콘스탄틴 치올콥스키 Konstantin Tsiolkovskii의 논문「The Exploration of Cosmic Space by Means of Reaction Devices(반응장치에 의한 우주 공간의 탐사, 1903년)」와 함께 발표했다.

고더드의 논문을 실은 이 작은 책자는 로켓 과학의 초석과 같은 역할을 하였고 이후 헤르만 오베르트Herman Oberth, 1894~1989, 세르게이 코롤료프Sergei Korolyov, 1907~1966, 베른헤르 폰 브라운 같은 이 분야 개척자들에게 큰 영향을 미쳤다.

이 책에서 고더드는 니트로셀룰로오스Nitrocellulose 같은 무연화학으로 만든 고체연료에 관해 광범위한 실험 결과를 기술했다. 특기할 만한 것은 드라발의 노즐을 이용해 가장 효율적으로 고온의 가스 에너지를 전진하는 운동 에너지로 바꿀 수 있었다는 점이다.

드라발 노즐의 이용으로 그는 로켓 엔진의 능률을 2퍼센트 대에서 64퍼센트로 비약적으로 개선시킬 수 있었고 분출가스의 속도를 초음속인 마하7 이상으로 높일 수 있었다.

그는 마지막 장에서 로켓으로 지구의 인력 밖으로 벗어날 수 있는 일탈 속도에 대해서도 설명하였다. 그리고 지구를 떠나는 로켓의 중량이 3.21톤이면 이 로켓이 달에 도착해 폭발할 때의 불꽃을 지구에서 망원경으로 볼 수 있을 것이라고도 했다.

1920년 3월, 스미스소니언으로 보낸 서신에서는 달과 행성들을 돌고 오는 로켓 탐색기로 사진을 찍을 수 있고 또 외계 문명과도 교신이 가능할 것이라고 했다. 그는 또 대기권으로 진입할 때 열을 차단하는 층이 우주선에 필요할 것을 예측하고 '용해되지 않는 물질로 된 열전도성이 낮은 물질의 층'으로 우주선의 바깥을 보호할 필요가 있음도 지적했다.

그러나 당시 고더드의 이론을 이해하지 못하고 그에 대해 비판적이던 언론들 때문에 그의 업적은 미국의 군부나 업계에서 받아들여지지 않았다. 오히려 독일과 같은 외국에서 그의 연구에 더 관심을 가졌고, 나치 정부는 자기들의 가장 중요한 프로젝트로 삼기도 했다.

그는 첫 액체연료 로켓을 1926년 3월 16일 매사추세츠주의 오번Auburn에서 발사했다. 이에 대해 신문들은 과소평가하는 논조의 '액체연료를 사용하는 최초의 로켓이 어제 에피 아주머니 농장에서 발사되다'라는 제목으로 '로켓 넬Nell은 2.5초간의 비행에 41피트 오른 뒤 배추밭에 떨어졌다. 그러나 그것은 액체연료 로켓이 가능하다는 것을 보인 실험이었다'

라고 짤막하게 보도했다.

그림 11-13
1926년 3월 16일, 액체연료 로켓 발사대 옆에 선 고더드. 그는 액체연료 로켓에 관한 실험을 1921년 9월부터 하고 있었다.

현재 로켓의 발사 장소는 '고더드 로켓 발사 지점Goddard Rocket Launching Site'이라는 국가 역사 유적지National Historic Landmark로 지정되어 있다.

1929년에는 세계 최초로 대서양을 비행기로 횡단한 찰스 린드버그Charles Lindbergh가 그를 도와 연구 기금을 모으려 했으나 그해 10월 찾아온 세계 대공황으로 어려움을 겪었다. 마침내 린드버그는 구겐하임Guggenheim 집안의 도움을 이끌어 다니엘 구겐하임으로부터 고더드를 4년에 걸쳐 10만 달러를 지원하겠다는 약속을 받아냈다. 그 뒤로도 해리 구겐하임이 계속해서 고더드를 지원했다.

이에 힘입어 고더드는 1930년 뉴멕시코주의 로즈웰Roswell로 옮겨 연구를 계속했고 1931년 9월경 로켓은 거의 모습을 갖추게 되었다. 자이로스코프에 의한 운항시스템의 개발에도 착수했으나 1932년 시험에서는 실패했다. 자이로스코프를 이용해 전기적으로 출구의 방향타를 조정하는 것은 10여 년 후의 V-2 로켓에서도 이용되었다.

한때 구겐하임의 지원이 중단되어 클라크대학교로 돌아가는 일도 있었지만 1934년 다시 지원을 받아 로즈웰로 돌아왔다. 이후 그는 길이 4.5미터의 가솔린과 액체산소로 가동되고 자이로스코프로 조정하는 A-5 로켓을 1935년 3월 28일에 발사하는 데 성공했다. 이 로켓은 높이가 1460

미터에 이르렀고 초음속으로 날았다.

1936년에서 1939년 사이에는 K와 L 시리즈의 로켓을 만들어 실험했으나 고온에 엔진이 타버리는 등 실패를 겪었다. 결국 다시 작은 로켓으로 돌아와 L-13 로켓을 개발했는데 그의 어떤 로켓보다도 더 높은 2700미터의 고도까지 올라갔으며 무게를 줄이기 위해 얇은 탱크를 강철의 줄로 감아 압력을 견디게 했다.

1940년에서 1941년에는 액체연료와 터보펌프turbopump를 가진 P 시리즈 로켓의 실험에서 로켓이 몇백 미터 상승하다가 추락했지만 과거의 엔진보다는 강력함을 입증하였다. 한편 독일은 스파이 등을 통해 고더드의 연구와 관련한 정보를 수집했다.

당시 나치 정권에서 일하던 독일 태생의 미국 로켓 공학자 베른헤르 폰 브라운은 자신의 초기 모델 A-1, A-2 시험 로켓에서 각종 과학지에 나왔던 고더드의 방법을 채택했고 그의 A-4 로켓은 V-2 로켓이 되었다.

나치가 V-2 로켓을 영국으로 발사하기 전에 시험하던 것이 스웨덴에 추락했을 때 미국 해군 연구소가 그것을 가져다 분석했는데 고더드가 디자인한 많은 부품들을 사용했음이 확인되었다. 폰 브라운은 1963년 고더드에 대해 "그의 로켓은 오늘날의 기준으로는 상당히 조잡한 것이나 선구적인 것이었고, 오늘날 가장 최근의 우주 로켓의 특징들을 간직하고 있다"라고 평했다.

고더드는 그 뒤로도 연구를 지속했으나 혼자의 힘으로는 더 이상 큰 발전을 가져올 수 없음을 인식하고 'American Rocket Society'를 설립하여 회장직을 맡았다. 그러나 1945년 인후암으로 메릴랜드의 볼티모어에서 63세로 숨을 거두었다.

미국 정부는 그의 공적을 기리기 위해 1959년 고더드우주비행센터 Goddard Space Flight Center를 설립했고 달의 한 분화구에도 그의 이름을 붙여 주었다. 또 그를 기념하는 우표도 발행했으며 미국 의회는 1959년 그에게 금메달을 추서했다.

다음은 독일의 V-2 로켓을 만들었고 전후에 미국에 와서 나사NASA의 수장으로서 세계 최초로 달에 인간을 보낸 로켓을 만든 베른헤르 폰 브라운 박사에 대해 알아보기로 한다.

그림 11-14 베른헤르 폰 브라운

베른헤르 폰 브라운Wernher von Braun, 1912~1977은 당시 독일령이던 포젠Posen의 비르지트Wirsit에서 귀족 집안의 둘째 아들로 태어났다. 어릴 때 어머니로부터 망원경을 선물 받은 후 천문학에 흥미를 가졌다. 비르지트 지역이 폴란드에 영입되자 가족과 함께 독일 베를린으로 이주했다.

그는 음악에도 소질이 있어 베토벤이나 바흐의 작품을 외워 연주했고 작곡가가 되기를 원했다. 특히 작곡가 파울 힌데미트Paul Hindemith에게 작곡을 배웠는데 그가 당시 작곡한 곡들에는 힌데미트의 작곡 스타일이 잘 나타나 있다고 한다.

1925년 처음 중학교에 들어갔을 때는 물리학과 수학을 잘하지 못했으나 1928년 그의 부모를 따라 이사한 곳의 Herman-Lietz-Internat 중학교에 들어가서는 당시 로켓의 선구자의 한 사람인 헤르만 오베르트가 쓴 『Die Rakete zu den Planetenräumen(로켓으로 우주공간에)』을 읽고 우주

여행에 큰 흥미를 가지게 되었으며 그때부터 로켓을 알기 위한 물리학과 수학 공부를 열심히 했다고 한다.

1930년 베를린공과대학에 입학한 후에는 '우주비행협회'에 가입했고 헤르만 오베르트 교수의 조수가 되어 액체연료 로켓 실험을 거들었다. 그는 또 스위스의 취리히공과대학에서도 공부했다.

그가 박사과정을 이수하고 있을 때 나치 정권이 들어섰는데 당시 포병 대위이던 발터 도른베르거Walter Dornberger가 포병연대 연구비를 지원해주었다. 브라운은 쿠메르스도르프Kummersdorf 고체연료 로켓 시험장에 있던 도른베르거의 옆방에서 연구를 했으며, 1934년 베를린대학으로부터 물리학 박사학위를 받았다.

그의 표면상의 박사학위 논문은 「연소에 관한 실험」으로 지도교수는 슈만Erich Schumann이었다. 그러나 정식 논문은 「액체로켓의 제 문제에 대한 이론적, 실험적 해법과 제조」(1934년 4월 16일)였으며 이것은 독일 육군의 비밀로 취급되어오다가 1960년에 비로소 공개되었다.

1934년 말에는 2200미터와 3500미터 높이까지 올라가는 액체로켓을 성공적으로 발사했다. 당시 독일은 미국의 로버트 고더드의 연구에 엄청난 주의를 기울이고 있었다. 1939년 이전까지 독일의 과학자들은 고더드와 접촉할 수 있었는데 브라운도 여러 문헌을 통해 얻은 고더드의 기술을 그의 A 시리즈 로켓의 개발에 이용했다.

이후 나치 정권은 민간인이 로켓을 시험하는 것을 금지시키고 북부 독일 발트해 근처의 페네뮌데Peenemünde에 대대적인 로켓 시험장을 만들었다. 이때 도른베르거가 페네뮌데의 총 책임자, 브라운이 기술 책임자가 되었다.

페네뮌데 그룹은 독일 공군인 루프트바페Luftwaffe와 협력하여 비행기 엔진으로서의 액체로켓 엔진을 개발했고 장거리 탄도유도탄 A-4(뒤에 V-2가 된다)와 초음속의 대공미사일도 개발했다. 1937년 11월, 브라운은 독일 나치 정권에 참여해 1940년 장교가 되었으며 전쟁이 끝날 때까지 장교로 남아 있었다.

1942년 12월 22일, A-4 로켓을 런던을 공격할 무기로 생산할 것을 허락한 히틀러는 1943년 7월 7일 이 로켓이 이륙하는 것을 보고 너무나 감격한 나머지 곧 그를 교수로 임명한다. 당시 31세이던 엔지니어를 교수로 임명한다는 것은 독일에서는 거의 상상도 못 하던 일이었다.

그즈음 영국과 소련의 정찰대는 브라운과 페네뮌데의 로켓 프로그램에 대한 정보를 입수하고 1943년 8월 17일과 18일 대대적인 공습을 하여 1800톤의 폭탄을 투하했다. 대부분의 설비들은 피해를 입지 않았으나 기술팀의 엔진 디자이너와 수석 엔지니어가 사망했고 로켓 프로그램은 지연되었다.

A-4 로켓이 V-2 로켓으로 이름이 바뀌어 영국을 향해 발사된 것은 이 프로젝트가 탄생한 21개월 후인 1944년 9월 7일이었다. 그때까지도 브라운은 로켓을 우주여행을 위한 것으로 염원하였다는 것을 나타내는 증거로 그의 로켓이 런던 공격에 성공했다는 것을 라디오로 듣고 "로켓은 완전하게 작동했다. 단지 그것이 다른 위성에 도착했다는 것을 빼고는……"이라고 말했다고 전해진다.

1945년 전쟁이 끝나갈 무렵 러시아 군대가 페네뮌데에서 160킬로미터 떨어진 지점까지 진격해오자 브라운은 기술자들과 다른 곳으로 피하라는 명령을 받고 미텔베르크Mittelwerk로 옮긴다. 결국 브라운은 러시아 군대의 잔

혹 행위를 피하기 위해 미국에 망명할 것을 결심하고 동생 마그누스 폰 브라운Magnus von Braun을 통해 몰래 미국 병사에게 항복의 뜻을 전해 미군에 접수된다.

1945년 6월 20일, 미 외무부 장관의 허락하에 브라운은 동생 등과 함께 미국으로 가서 미 육군에서 과학자로 근무하게 된다. 브라운과 그의 페네뮌데 기술자들은 텍사스의 엘파소El Paso 북쪽에 새로 지은 포트블리스Fort Bliss에 정착해 독일에서 전쟁 후 가져온 V-2 로켓의 재정비와 시

그림 11-15 미군에 접수된
직후의 브라운의 모습

험 발사 등의 임무를 수행했고 로켓 개발 임무를 계속했다.

그러나 그들은 군의 동행 없이 그 지역을 떠나는 것이 허락되지 않았다. 브라운은 그러한 상황을 'PoPs'라고 표현했는데 그것은 '평화의 포로Prisoner of Peace'의 약자였다.

브라운은 포트블리스에 있을 때 당시 18세의 외사촌인 마리아에게 청혼하였으며 1947년 3월 1일, 미국 정부의 허가를 받아 독일로 가서 결혼하고 다시 가족, 부모들과 함께 3월 26일 뉴욕에 도착했다. 1955년 8월 15일 브라운 가족은 미국의 시민이 되었다.

1950년 한국전쟁이 일어났을 때 브라운은 앨라배마주의 헌츠빌Huntsville로 이주했고 미 육군의 레드스톤Redstone 로켓의 개발 책임자가 되었다. 이 로켓은 뒤에 미국 최초로 핵을 장착한 미사일 실험을 하는 데 사용되었다.

브라운과 그의 팀은 레드스톤 로켓을 개량한 주피터 C를 개발해 1958

년 1월 31일, 서방 세계의 첫 위성인 익스플로러 1호의 발사를 성공시켰다. 이것은 미국의 우주개발의 탄생을 의미했다.

그러나 1945년부터 1957년까지 12년간 러시아의 세르게이 코롤료프 팀이 새로운 로켓들을 개발하여 스푸트니크Sputnik의 발사에 성공하는 동안 미국에서는 브라운의 과거 나치 경력 등의 문제도 있어 적극적인 개발을 하지 않았다.

러시아가 먼저 스푸트니크 위성을 발사하자 우주 경쟁에서 러시아에 뒤진 것을 크게 염려한 미국 행정부는 브라운 팀의 힘을 빌리기로 하고 1958년 7월 29일 NASA를 창설한다.

그 하루 뒤인 30일 남태평양의 암초에서 50번째 레드스톤 로켓의 발사가 성공적으로 이루어졌고 2년 뒤에 NASA의 마셜우주비행센터Marshall Space Flight Center가 헌츠빌에 있는 레드스톤 아스널Redstone Arsenal에 문을 열었다. 브라운이 이끌었던 ABMA 로켓 개발 팀은 NASA로 이전되었다.

그림 11-16 새턴 V 로켓의 초단 엔진 분출구 앞에 서 있는 브라운

1960년 7월부터 1970년 2월까지 10년간 브라운은 NASA의 초대 책임자를 역임했다.

마셜센터의 첫 임무는 위성을 지구궤도와 그 바깥으로 띄워 올릴 새턴 로켓Saturn Rocket을 개발하는 것이었다. 이것으로부터 사람을 달에 보내는 아폴로 프로젝트가 나온 것이다. 브라운은 처음에는 지구궤도의 우주정거장을 구상했으나 1962년, 달의 궤도 위성으로 목표를 바꾸었다.

마침내 1969년 7월 16일, 8일간의 일정으로

새턴 V 로켓으로 아폴로 11호를 발사해 인간을 달에 처음으로 착륙시킴으로써 그의 꿈을 이루어냈다. 새턴 로켓으로 총 6팀의 우주인들이 달의 표면에 발을 내딛었다.

1970년 3월 1일에는 워싱턴에 있는 NASA 본부의 부총재로 발령 받아 NASA의 장래 계획에 대한 임무를 맡았으나 1972년 5월 26일, 그는 직을 사임하고 NASA로부터 은퇴했다. 그 후 메릴랜드에 있는 'Fairchild Industries'의 부사장으로 취임한다.

1973년 정기 신체검사에서 신장암인 것이 밝혀졌는데 그 뒤에도 초청을 받은 대학 등에서 로켓에 대한 강연을 하고 1975년에는 국립우주연구원National Space Institute의 창설에 기여한다. 이것이 현재 국립우주학회National Space Society의 전신이다.

그러나 건강이 악화하면서 그는 1977년 'National Medal of Science'의 수상을 위한 백악관 행사에 참석하지 못하고 1977년 6월 16일 세상을 떠났다.

12장

제트 엔진

제트 엔진의 역사

제트 엔진Jet Engine은 스팀 엔진의 장에서 소개한 바 있는 스팀 터빈과 유사한 내연기관 터빈이다. 거의 모든 제트 엔진과 가스 터빈에는 왕복하는 피스톤이 없으며 동축同軸 원운동을 하는 압축기와 후측 팬이 있다 (제트 엔진과 가스 터빈은 구조는 같고 용도만 다를 뿐이다).

연료와 공기가 늘 유입되고 발화되어 엔진 크기에 비해 많은 양의 연료와 공기를 사용하므로 출력 대 부피(혹은 중량)의 비가 피스톤 엔진보다 훨씬 크다는 장점을 가진다. 지구상에서는 언제 어디서나 존재하는 공기를 산화제로 이용할 수 있으므로 따로 산화제를 실어 나를 필요도 없다.

제트 엔진의 작동과 종류를 살펴보기 전에 우선 제트 엔진이 발전한 역사적 배경부터 알아보기로 한다.

제트 엔진은 제2차 세계대전 직전인 1930년대에 독일의 한스 폰 오하인과 영국의 프랭크 휘틀이 발명하였다. 그들은 각기 독립적으로 연구했으며 상대가 그러한 연구를 하고 있다는 것을 서로 몰랐다.

오하인 박사는 터보제트 엔진Turbojet Engine을 실제로 세계에서 가장 먼저 만들었고, 프랭크 휘틀은 1930년 터보제트 엔진에 대한 특허를 가장 먼저 취득한 사람이다.

그림 12-1 한스 폰 오하인　　　　그림 12-2 프랭크 휘틀

　　오하인 박사의 터보제트 엔진 특허는 1936년에 발급되었으며 그의 첫
제트기는 1939년에 만들어져 하늘을 날았다. 프랭크 휘틀은 그로부터 2
년 뒤인 1941년에 자신의 엔진을 단 비행기가 나는 것을 처음 보았다.

　　프랭크 휘틀Sir Frank Whittle, 1907~1996은 영국의 항공 공학자이자 비행사
로 1907년 6월 1일, 잉글랜드 중부에 있는 도시 코번트리Coventry에서 기
계공의 아들로 태어났다. 소년 견습생으로 왕립 공군에 입대해 1928년에
비행대원이 되었으며 1931년에는 시험 조종사가 되었다.
　　그가 비행기의 엔진으로 가스 터빈을 사용하겠다는 생각을 한 것은
22세에 군비행학교에서 논문을 쓸 때였다. 그는 이러한 성과로 케임브리
지대학에 입학하여 우수한 성적으로 졸업했으나 아이디어를 시험하고
개발할 정부의 지원을 얻지는 못했다.
　　결국 자비自費로 연구한 끝에 1930년 터보제트 엔진에 관한 특허를 취
득했다. 1935년부터는 민간의 자본으로 제트 엔진을 만들기 시작해 1937
년 처음으로 한 단의 압축기와 터빈을 가진 제트 엔진을 만들고 성공적
으로 실험을 마쳤다.

오늘날 미국과 영국의 민간항공기의 제트 엔진은 휘틀의 프로토타입Prototype에 기초한 것이다. 휘틀은 'Power Jets Ltd.'라는 회사를 설립하고 1939년 7월 7일 'W1'이라 명명된 엔진을 만드는 계약을 맺었다. 이 엔진

그림 12-3 휘틀의 터보제트 엔진을
탑재하고 최초로 하늘을 난
영국 비행기 Gloster 28/39

은 작은 시험 비행기에 탑재하는 용도였다. 이듬해인 1940년에 Gloster Aircraft사가 이 엔진을 단 비행기를 만드는 회사로 선정되고 1941년 5월 15일 처음으로 역사적인 비행에 성공했다.

1948년 휘틀은 영국 여왕으로부터 작위를 받았으며 1996년 8월 8일, 89세로 미국 메릴랜드의 컬럼비아에서 폐암으로 일생을 마쳤다.

한스 폰 오하인Dr. Hans von Ohain, 1911~1998은 1911년 12월 14일 독일 데사우Dessau에서 태어났다. 그는 독일 괴팅겐대학교University of Göttingen에서 물리학 박사학위를 받고 그곳 물리연구소의 후고 폰 폴Hugo von Pohl 교수의 조수가 되었다. 이후 독일 항공기 제작회사가 비행기에 쓸 새로운 추진체 개발을 대학에 의뢰하자 폴 교수는 자신이 신임하던 오하인에게 그 프로젝트를 맡겼다.

오하인은 1933년 22세 때 계속해서 연소가 일어나는 엔진에 대한 아이디어를 냈는데 공교롭게도 휘틀이 터보제트 엔진에 대한 아이디어를 낸 것도 그의 나이 22세 때였다.

오하인은 프로펠러가 필요 없는 새로운 항공 엔진의 연구에 몰입했고 1934년 제트 엔진의 특허를 신청했다. 오하인의 제트 엔진은 휘틀의 것

그림 12-4 오하인의 원심 압축기 방식의 엔진.
팬의 모양이 잘 보인다.

그림 12-5 Heinkel HeS 3 엔진(세계 최초의
제트 엔진 비행기 Heinkel He 178의 엔진)

과 비슷했으나 내부 구조가 약간 달랐다. 휘틀은 터보 방식(팬이 일렬로 정
비되어 공기를 압축하는 방식)의 압축기를 썼고 오하인은 원심력을 이용한
방식(팬에 들어오는 공기를 직각 방향 곧 원심력의 방향으로 가속하여 공기를 압축
하는 방식)의 압축기를 썼다. 현재 일상용이나 군용으로 사용되는 제트 엔
진의 대부분은 휘틀의 터보 방식을 이용한 것이다.

1936년 오하인은 에른스트 하인켈Ernst Heinkel, 1888~1958과 공동으로 제
트추진Jet Propulsion 연구를 계속해 1937년 9월 처음으로 성공적인 시험 모
델을 완성했다. 그의 첫 엔진은 수소를 연료로 쓰는 엔진이었다.

그 직후 하인켈은 엔진을 시험하기 위한 작은 비행기 'Heinkel He
178'을 만들었고 1939년 8월 27일 성공적인 비행을 마쳤다. 이것이 제트
엔진을 단 비행기의 역사적인 첫 비행이 되었다. 이어 그는 개량된 두 번
째 비행기 'HeS 8A'를 만들었는데 이것은 1941년 4월 2일에 처음 비행하
였다.

한스 폰 오하인 박사와 프랭크 휘틀 경은 제트 엔진의 공동 발명자로
1991년에 미국 'National Academy of Engineering' 상을 수상했다. 1998
년 3월 13일 오하인 박사는 미국 플로리다에서 일생을 마쳤다.

제트 엔진의 작동

제트 엔진은 유입되는 공기의 양을 어떻게 이용하는가에 따라 여러 가지 명칭이 붙어 있다. 이는 뒤에서 상세히 설명하기로 한다.

제트 엔진의 구조(그림 12-6 참조)를 보면 앞쪽에 팬으로 되어 있는 것이 공기압축기이고 중앙이 연소실, 그리고 후미 쪽이 배기에 의해 원동력을 얻는 가스 터빈으로 되어 있다.

터빈을 통과한 연소가스는 대기 중으로 분출되며 뉴턴의 운동의 제3법칙에 따른 반작용으로 비행기를 앞으로 나아가게 하는 힘이 발생한다. 연소실 내의 발화는 항상 연속적으로 일어나기 때문에 대량의 공기를 필요로 하는데 이때 공기를 공급하는 역할을 하는 것이 앞쪽의 공기압축기, 곧 에어컴프레서air compressor이다.

에어컴프레서는 여러 열로 된 팬으로 구성되며, 공기를 압축시키기 위해 뒤로 갈수록 날개의 직경은 작아지고 열 사이의 간격은 좁아지며 날

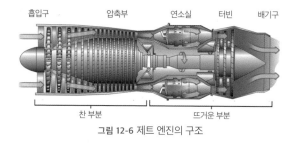

흡입구　　압축부　　연소실　터빈　배기구

찬 부분　　　　　뜨거운 부분

그림 12-6 제트 엔진의 구조

개의 수는 더 많다. 이것은 기본적으로 휘틀의 디자인에 따른 것이다.

오하인은 처음에는 원심력을 이용한 압축기를 사용해 엔진의 길이는 짧고 직경은 컸다(그림 12-4 참조). 에어컴프레서는 축으로 연결된 후미 터빈으로부터 동력을 얻으며 후미 터빈은 배출되는 가스로부터 에너지를 공급 받는다.

제트 엔진의 내부(그림 12-7 참조)를 보면 흡입구가 오른쪽에 있다. 흡입구의 맨 앞에 있는 팬은 날개가 크고(아래 사진에서는 직경이 같으나, 일반적으로는 직경도 더 크다) 각 열 사이의 간격도 넓다. 연소실에 가까운 팬은 날개들이 훨씬 더 촘촘히 설치되어 있고 열 사이의 간격도 좁아진다(공기가 압축되는 공간은 차차 작아지는 것을 볼 수 있다).

또 회전하는 팬만 보이지만 팬과 팬 사이에는 고정된 팬의 날개가 설치되어 있다. 고정날개(고정익)는 회전팬에서 나오는 공기의 방향을 바꾸어 다음 팬으로 들어가는 공기의 각도를 가장 적합하게 만들어준다. 회전날개와 고정날개의 간격이 넓으면 난류가 발생해 엔진의 효율이 떨어진다. 따라서 열팽창과 그 밖에 기계적인 오차가 허용하는 범위 내에서 간격을 좁게 만들어야 하므로 고도의 정밀도가 요구된다.

후미 터빈   연소실   공기압축기   흡입구

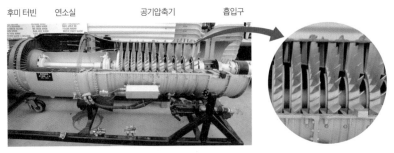

그림 12-7 제트 엔진의 내부와 회전날개 사이에 있는 고정날개(원 안의 푸른색 가이드).
이 부분은 기본적으로 파슨스 터빈과 같다.

압축된 공기가 연소실로 들어오면 연료가 분사되면서 불이 붙는데 이때의 점화는 피스톤 엔진에서처럼 점화플러그에 의한 것이 아니다. 압축기에서 압축되어 연소실로 들어오는 공기는 온도가 충분히 높아져 있어서 연료를 분사하기만 하면 자동 점화된다. 공기가 연소실로 들어오는 속도와 각도에 따라 연소가 불안정해질 수 있으므로 이를 방지하기 위한 장치도 마련되어 있다.

연소된 가스는 온도가 높아져 부피가 커지고 뒤쪽으로 분사된다. 이 가스의 에너지의 일부가 후미 터빈(팬)을 돌리고 이렇게 회전하는 힘은 축에 의해 압축기를 돌리게 된다. 대부분의 가스의 에너지는 그대로 후미로 분출되는데 이 에너지가 뉴턴의 운동의 제3법칙에 의한 반작용으로 제트기의 추진력을 발생시키는 것이다.

그러나 현재의 아음속(亞音速, 음속보다 약간 느린 속도) 여객기에서는 압축기를 돌리고 난 나머지 출력의 85퍼센트로 팬을 돌려 팬에서 나오는 공기의 일부는 연소에 쓰고 나머지는 제트기의 추진력에 쓰고 있다. 분출되는 가스의 속도가 비행기의 속도에 비해 너무 높아 가스가 가진 에너지의 대부분이 그대로 방출되고 일부만이 비행기 추진력으로 전환되기 때문이다(11장 앞부분 참조). 이때 분출되는 대부분의 가스의 에너지로 팬을 돌려 비행기의 추진력으로 삼는 제트 엔진을 팬 제트Fan Jet라고 한다. 팬으로부터 나오는 공기의 속도는 분출가스의 속도에 비해 훨씬 낮아 아음속 비행기의 추력을 향상시킨다.

제트 엔진에서는 압축된 공기가 빠른 속도로 연소실로 들어오므로 불을 꺼뜨리지 않고 계속 안정적으로 연료를 연소시키는 것이 쉬운 일이 아니다. 이는 바람이 심하게 부는 데서 촛불을 유지하는 것이 쉽지 않은

그림 12-8 휘틀의 W2/700 제트 엔진

그림 12-9 제트 엔진의 연소실

것과 같은 이치이다.

고속의 공기가 들어와도 연소가 계속될 수 있도록 고안된 장치가 불꽃 유지 장치Flame Holder이며 이 장치는 각 연료 분사구를 둘러싸고 있다. 연소실은 하나의 큰 공간이 아니고 많은 수의 불꽃 유지 장치로 둘러싸인 작은 공간들로 구성되어 있다. 휘틀의 처음 엔진에서는 연소실이 열 개로 이루어져 있었는데(그림 12-8 참조) 스테인리스 통처럼 보이는 것이 연소실이다.

장점과 단점

- 대량의 연료가 쉴 새 없이 공급되어 연소되므로 엔진의 크기에 비해 피스톤 엔진보다 출력이 훨씬 높다.
- 속도를 일정하게 유지해야 연료 효율이 높은 데다 잦은 속도 조절이 어려워 자동차의 엔진으로는 부적합하다.
- 피스톤 엔진에 비해 움직이는 부분이 적어 유지 보수가 편하고 고장률이 적다. 또한 값싼 연료를 사용할 수 있다.
- 고온의 배기가스와 고속 회전에 의한 원심력 등으로 제트 엔진을 만드는 데는 값비싼 재료(가볍고 고온에 견딜 수 있는 재료)가 요구된다.

제트 엔진의 종류

제트 엔진에는 터보제트, 터보프롭, 터보팬, 터보샤프트, 램제트 등이 있다. 이 가운데 터보제트는 기본적으로 압축기, 연소실과 후미 터빈으로 구성되어 있다. 램제트는 고속으로 유입되는 공기가 원통 안에서 압축되므로 압축기compressor가 없고 압축기를 돌리기 위한 후미 터빈도 없는 간단한 구조이다.

제트 엔진의 종류를 나누려는 이유는 엔진의 구조를 살피려는 것이 아니고 현재 여객기나 군용기의 엔진으로 사용되고 있는 제트 엔진의 여러 용도에 따른 변형을 알아보기 위한 것이다.

터보제트 엔진 Turbojet Engine

현재 거의 모든 제트 엔진의 기본이 되는 엔진으로, 연소된 가스가 고속으로 뒤로 뿜어져 나오며 비행기 본체에 추진력을 준다.

가스의 분출 속도보다 낮은 속도로 비행할 때는 에너지 변환 효율이 낮아지는데 이는 더 많은 에너지가 분출가스의 운동 에너지로 그대로 방출되기 때문이다. 이렇게 낭비되는 배기가스의 에너지를 조금이라도 더 효율적으로 이용하기 위해 다소의 변형을 가한 것이 터보프롭 엔진과 터

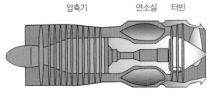

그림 12-10 터보제트 엔진의 단면

그림 12-11 터보제트 엔진

보팬 엔진이다.

그림을 보면 터보제트 엔진은 앞쪽이 압축기이고 연소실과 후미의 터빈으로 구성된다. 보통 압축기 부분이 터빈 부분보다 더 많은 팬을 가지는데 공기의 압축비를 거의 20:1에 가까울 정도로 압축하기 위해서는 여러 단의 압축 과정이 필요하기 때문이다. 이렇게 압축하면 공기의 온도가 연료의 점화 온도보다 높아진다.

이 엔진은 초기의 여객기나 군용기 등에서 주로 사용했다.

터보프롭 엔진 Turboprop Engine

낮은 속도에서 제트 엔진의 연료 효율을 높이기 위해 후미 터빈의 힘으로 압축기와 프로펠러 둘 다 가동하게 한 엔진이다. 이렇게 하면 저속에서의 프로펠러의 이점을 얻을 수 있다. 그림 12-12에서 왼쪽 맨 앞이 프로펠러가 달리는 부분이다.

압축기 외에 추가로 프로펠러를 돌릴 회전력을 얻기 위해 후미 터빈 부분이 터보제트 엔진보다 더 크다. 제트 엔진의 회전이 고속이므로 프로펠러를 돌리기 위해서는 회전 속도를 낮추어야 한다.

터보프롭 엔진은 주로 작은 여객기나 수송기 등에 사용되는데 시속

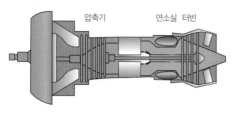

그림 12-12 터보프롭 엔진의 단면

그림 12-13 터보프롭 엔진

800킬로미터 이하의 비행 속도에서는 터보제트 엔진보다 훨씬 높은 효율을 보인다.

제트 엔진은 피스톤 엔진에 비해 회전 속도가 빨라서 프로펠러는 직경이 작고 날개가 여러 개 있는 것을 써야 한다. 프로펠러의 직경이 크면 같은 속도로 회전하더라도 날개 끝의 접선(회전) 속도가 높아지기 때문이다. 접선 속도가 마하 1(음속)에 이르면 효율이 급격히 떨어지고 충격파에 의한 문제들도 일어나므로 속도를 낮추는 것이 중요하다. 이를 위해 프로펠러의 회전 속도를 압축기의 터빈의 회전 속도보다 낮게 하는 감속기어를 엔진 내부에 두고 있다.

이 엔진을 처음 개발한 사람은 1938년 헝가리의 그레고리 옌트라식 Gregory Jendrassik 으로 첫 모델 Cs-1은 1940년에 시험하였다. 실제 생산해서 사용된 엔진은 1942년 밀러 Max Müller 가 고안한 엔진이 최초라고 한다.

터보팬 엔진 Turbofan Engine

현재 보잉747 등 아음속 여객기에 널리 사용되고 있는 엔진으로 제트 엔진 출력의 거의 대부분은 팬으로 대량의 공기를 뒤로 밀어내어 얻고

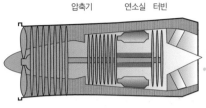
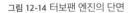

압축기　　연소실　터빈

그림 12-14 터보팬 엔진의 단면

그림 12-15 터보팬 엔진

있다.

터보팬 엔진에서는 그림 12-14에서 보는 것과 같이 엔진 입구에 있는 대형 팬에 의해 대량의 공기가 유입되는데 일부를 제외하고는 거의 전부가 연소실을 거치지 않고 뒤의 분출구로 함께 나오게 되어 있다.

터보팬은 약 1만rpm의 속도로 회전해 높은 곳의 공기 유입이 프로펠러에 비해 유리해서 고공을 나는 여객기 등이 이러한 엔진을 장착하고 있다. 보잉747 여객기에 사용되는 제너럴 일렉트릭General Electric사의 엔진은 연소실을 통하지 않고 옆으로 바이패스bypass하는 공기의 비율이 85퍼센트라고 한다.

이렇게 고속으로 회전하는 팬의 끝은 접선 속도가 마하1을 넘어 충격파가 발생할 염려가 있으나 팬 하우징fan housing에 의해 이러한 충격파를 억제하는 듯하다.

팬을 거쳐 나오는 공기의 속도는 분출가스의 속도보다 훨씬 낮으므로 비행기의 추진력을 높일 수 있게 된다. 배기 에너지는 그 속도의 제곱에 비례하기 때문이다(운동 에너지 $E=1/2mv^2$).

이 엔진은 엔진 앞부분의 면적이 넓어 엔진으로 유입되는 이물질(우박이나 새 등)에 의한 피해가 크다는 문제점도 안고 있다. 실제로 제트 여객기에서는 팬으로 빨려 들어온 새들로 엔진이 손상을 입는 경우가 흔히 있으며, 심한 경우는 추락의 원인이 되기도 한다.

터보팬과 함께 터보제트, 터보프롭은 현재 여객기에서 가장 많이 사용되고 있는 제트 엔진이다.

터보샤프트 엔진Turboshaft Engine

주로 헬리콥터에 사용하기 위해 개발한 엔진으로 터보프롭 엔진과 거의 비슷한 기능을 가진다. 이 엔진은 헬리콥터의 로터를 일정한 속도로 회전시키는 동력원의 역할을 한다.

헬리콥터는 가스 터빈의 회전 속도와는 무관하게 로터의 속도가 정해지도록 설계되어 있다. 헬리콥터의 속도를 높이기 위해 터빈의 출력을 올려도 로터의 회전 속도는 변하지 않는다.

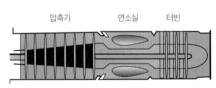

그림 12-16 터보샤프트 엔진의 단면

그림 12-17 터보샤프트 엔진

램제트 엔진Ramjet Engine

램압력(ram pressure, 비행 중 엔진의 흡입구에 공기가 밀려들어 올 때의 공기의

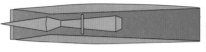

연소실

그림 12-18 램제트 엔진의 단면

그림 12-19 램제트 엔진의 모형

압력)으로 압축한 공기 중에 연료를 분사해 연소시켜 속력을 얻는 엔진이다. 이 엔진에는 움직이거나 회전하는 부분이 전혀 없다. 공기를 압축하는 압축기가 없어서 압축기를 돌리기 위한 터빈도 필요가 없기 때문이다.

램제트 엔진에서 공기를 압축하는 것은 비행 속도에 의한 공기의 저항이다. 따라서 저속에서는 거의 추진력이 발생하지 않고 고속이 되어야 비로소 추진력이 생긴다.

이 엔진은 압축기나 터빈이 없어 가볍고 고장이 날 확률이 적으며 출력 대 중량의 비가 크다. 또 마하1 이상의 속도에서 작동되므로 처음에 속도를 올려줄 추진체가 필요하다.

주로 미사일이나 우주비행선 등에 사용되고 있는데 이 엔진을 장착한 비행기는 모체가 되는 다른 비행기에 실려 가다가도 그 속도가 음속을 훨씬 넘어서면 모체로부터 분리되어 자체의 램제트 엔진을 가동시킨다.

13장

수차와 수력 터빈

재생 가능한 에너지

인류에게 앞으로도 오랫동안 에너지를 공급할 수 있는 새로운 길을 찾는 것은 이제 더 이상 미룰 수 있는 일이 아닐 것이다.

인류가 지금처럼 에너지를 소비한다면 앞으로 50년 이내에 거의 모든 석유 자원은 고갈될 것으로 생각되며 거의 무한의 에너지를 우리에게 줄 수 있는 핵융합에 의한 발전發電이 실용화되는 시기는 앞으로 50년 뒤가 될지 아니면 몇백 년 뒤가 될지 그 누구도 확언할 수 없다.

이러한 의미에서 인류에게 현재와 같은 문명을 지속해 나가기 위해서는 재생 가능한 에너지의 발굴이 필수적으로 시급한 과제라 하겠다.

또한 석유와 같이 한정적이며 수많은 유도誘導물질을 만들어낼 수 있는 귀중한 자원을 단지 열원인 연료로 낭비한다는 것은 너무나 안타까운 일이다. 석유는 앞으로도 인류에게 많은 유용한 물질을 제공할 화학 합성의 원천이기 때문이다.

현재 재생 가능한 에너지원으로 꼽히는 것은 크게 3가지이다.

첫째는 태양의 에너지를 이용하는 것이고, 둘째는 지상에 언제나 존재하는 풍력과 수력을 이용하는 것이며, 셋째는 식물의 바이오매스Biomass에 의한 에너지의 재생산일 것이다. 여기서 두 번째 수력과 풍력에 의한 에너지가 이제부터 설명하게 될 두 장章과 밀접한 관계를 가진다.

이 두 장에서는 가능한 한 지금까지 알려진 수많은 수력 장치와 풍력 장치에 대해 알아보려고 한다. 필자도 이 책을 쓰기 전까지는 이처럼 많은 종류의 수차(수력 터빈)나 풍차(풍력 터빈)가 만들어졌거나 발명되었는지 알지 못했다.

과거에는 실용성이 없어 보였던 발명들도 현재의 기술과 연관하여 약간의 개량만 하여도 대단히 유용한 기기가 나올 수도 있을 것이며, 옛날의 아이디어가 새로운 아이디어를 낳는 산실産室의 역할도 할 수 있을 것이다. 이러한 점을 염두에 두고 내용을 살피기로 한다.

수차의 발달

수차는 고대 메소포타미아나 바빌로니아 때부터 사용되었을 것으로 생각되나 구체적으로 사용된 예의 기록은 찾기 어렵다. 그리스나 로마 때는 방앗간 등에서 곡식을 탈곡하거나 정곡하기 위해 수차를 사용한 것으로 알려져 있다.

수차는 흐르거나 떨어지는 물의 힘을 보다 유용한 에너지의 형태로 바꾸는 기계장치로 주로 회전하는 형태가 많이 쓰였다. 한편으로는 지렛대를 이용하여 물이 지렛대의 한쪽에 차면 반대쪽에 있는 절구를 올려 곡식을 찧기도 하였다. 이는 회전하는 방아보다는 구조가 훨씬 간단하다.

좀 더 강력하고 큰 힘을 얻기 위해서 만들어진 수차를 보통 수력 터빈이라고 하는데 수력발전은 이 수력 터빈을 이용한 것이다. 우리나라에서도 1970년대 이후에 화력발전소나 원자력발전소가 생기기 전에는 발전을 주로 수력에 의존했고 특히 해방이 된 1945년 전까지만 하더라도 압록강에 건설된 수풍발전소가 우리나라 전력의 대부분을 공급했다.

수차는 형태가 여러 가지이며 그 원리는 물의 운동 에너지를 기계적인 회전 에너지로 바꾸는

그림 13-1 런던에서 발굴된 로마시대의 수차(재현)

것이다. 이렇게 얻은 에너지를 옛날에는 주로 제분, 제지에서의 동력이나 철공소의 동력으로 사용했다. 현대에 와서 수력은 주로 발전에 이용되고 있다.

수차는 주로 나무나 철로 되어 있고 물통이나 날개 등이 큰 원의 주위에 설치되어 있거나 비행기나 배의 프로펠러 모양이다. 물통이나 날개는 흐르거나 떨어지는 물의 무게나 힘을 받아 수평이나 수직으로 된 축을 회전시킨다. 수차는 물통이나 날개 모양, 물이 날개 따위에 작용하는 각도와 형태, 물이 나오는 노즐의 형태 등에 따라 여러 가지 명칭이 붙어 있다.

그림 13-2 수차의 힘으로 물을 높은 곳의 논으로 퍼 올리는 장치(중국 명나라)

수평으로 된 축을 가진 수차는 회전이 필요한 곳에 축을 직접 연결하지만 수직으로 된 축을 가진 수차는 축의 방향을 바꾸는 치차(톱니바퀴)나 벨트 등을 이용하는 경우가 많다. 우리나라에도 옛날에는 물레방아라고 부른 수차들이 많이 이용되었는데 물레방아는 거의 다 수평 축이다.

중국 명나라의 송장성宋庄星, 1587~1666이 쓴 책에는 물레방아를 이용해 논에 필요한 물을 긷는 장치가 나와 있다(그림 13-2 참조). 흐르는 물이 물레방아를 돌리고 고리로 연결된 물통으로 물을 길어 높은 곳에 있는 논에 물을 퍼 올리는 모습인데, 처음 사용한 것은 1637년으로 기록되어 있다. 그러나 이러한 장치들이 그 후로도 실제로 만들어져 사용되었는지는 알 수 없다.

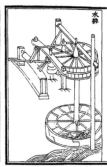

그림 13-3 1910년대 인도네시아
수마트라 지방에서 쓰던 수차

그림 13-4 두시의 수차 풍구

이것보다는 훨씬 원시적이지만 약간의 인력을 이용해 물을 퍼 올리는 장치는 아직도 동남아의 저개발국에서 이용되고 있다. 우리나라에도 이와 비슷한 것들이 예전에 농촌에서 사용되었던 것을 필자는 기억한다.

또 중국 송나라의 역사가 범엽이 쓴『후한서』에는 "후한시대인 31년, 난양의 지사인 두시는 너그러운 사람이었고 또 사람들의 노동을 덜어주고자 대장간에서 쇠를 달구기 위해 화덕에 불을 부는 데 쓰던 풍風구를 수차를 이용하여 작동하는 법을 발명하여 많은 농기를 생산하는 데 도움을 주었다"라는 내용이 기록되어 있다. 이 책에는 그의 수차를 이용한 풍구의 작동원리를 그린 그림이 나와 있다(그림 13-4 참조).

중동 지역에서도 7세기경에 거대한 수차들을 이용했음을 알 수 있다. 이라크 바스라Basra 지방의 운하를 발굴하던 중 수차가 발견되었고, 시리아의 하마Hamah에는 오론테스Orontes강에 지금도 거대한 수차가 보존되어 있다. 가장 큰 것은 직경이 20미터나 되고 둘레는 120개의 물받이로 구분되어 있다(그림 13-5 참조).

스페인의 무르시아Murcia에는 알안달루스al-Andalus 때 만들어진 수차가

그림 13-5
시리아 하마의 오론테스강에 있는 노리아

그림 13-6
스페인 발렌시아 지방의 노리아

재현되어 있는데 이것은 플라이휠Flywheel을 가지고 있어 물레방아의 회전 속도가 균일하게 이루어질 수 있었다. 플라이휠은 19세기 이후 엔진이 발달하면서 광범위하게 이용되고 있다.

특히 주로 중동과 스페인 지역에서 쓰던 거대한 수차 노리아Noria는 물을 길어 작은 수로에 올리는 기계를 뜻하는 아랍어로, 이렇게 올린 물은 주로 관개에 사용되었다.

노리아에는 물의 힘을 이용한 것, 동물의 힘을 이용한 것, 풍력을 이용한 것 등 세 종류가 있었다.

가장 흔한 것은 수직으로 된 수차에 물을 긷는 물통이 달린 형태의 것으로 큰 것은 거의 10미터나 되는 아래 개울의 물을 위로 퍼 올릴 수 있었다. 작고 원시적인 노리아는 주로 노새나 당나귀, 소의 힘을 이용했다. 동물들이 돌리는 바퀴는 치차 등으로 연결되어 노리아를 돌리게 되어 있었다. 스페인의 카르타헤나Cartagena 지방에는 풍력을 이용해 돌리는 노리아가 있었는데 외관상으로는 방아를 찧는 보통의 풍차와 같은 형태라고 한다.

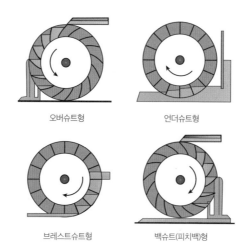

오버슈트형   언더슈트형

브레스트슈트형   백슈트(피치백)형

그림 13-7 수차의 형태

수차는 물이 바퀴를 어떻게 돌리는가에 따라 이름이 붙은 경우가 많다. 그림에서는 가장 흔한 네 가지 수차의 모양과 명칭을 볼 수 있다(그림 13-7 참조).

오버슈트Overshot형은 말 그대로 물이 위에서 수차로 떨어지는 형태의 가장 흔한 수차이다.

수직으로 설치된 수차의 한쪽 날개 통에 물이 부딪치면 물의 무게와 운동 에너지로 수차가 돌아 그 날개의 각이 수평이 될 때 통에 찼던 물이 아래로 떨어지고 통은 비워진다. 이렇게 물의 낙하하는 힘과 무게를 이용한 것이 오버슈트 수차이다. 오버슈트 수차의 장점은 흐르는 물의 힘을 거의 남김없이 이용한다는 것이다.

그림 13-8 오버슈트형 수차

이 수차는 수차 위로 떨어지는 물의 양을 조절할 수 있도록 수문을 만들어 열고 닫음으로써 수차의 회전 속도를 조절한다. 충분한 물을 비축하려면 상류에 저수지나 연못을 만들 필요도 있다.

그림 13-9 언더슈트형 수차

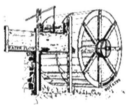

그림 13-10
1839년 미국의 로렌초 애드킨스(Lorenzo Adkins)가 특허를 신청한 브레스트형 수차

그림 13-11 스코틀랜드의 백슈트형 수차

언더슈트Undershot형은 흐르는 물의 힘을 그대로 이용하는 수차로 오버슈트 수차처럼 물의 낙차가 필요 없다.

이 수차도 광범위하게 이용되며, 수량이 많고 물의 흐름이 빠른 개울에서는 비교적 낮은 비용으로 건설할 수 있다는 이점을 가진다. 하지만 유속이 느리거나 수량이 적은 개울에서는 충분한 동력을 얻을 수 없고 효율도 떨어진다.

로마시대에는 물 위에 떠 있는 고정된 플랫폼platform에 이 장치를 하여 동력을 이용했다고 한다. 특히 다리 바로 아래의 하류는 다리 때문에 수로가 좁아지고 유속이 빨라져 유리하다.

브레스트슈트Breastshot형은 물레방아의 거의 축의 높이에서 물이 방아의 날개로 들어오는 형태이다.

이 수차는 낙차가 낮아도 큰 지름의 물레바퀴를 사용함으로써 비교적 큰 회전력(토크)을 얻을 수 있다. 오버슈트형은 물레방아의 지름이 그 반 정도밖에 되지 않을 것이다. 그림을 보면 수량을 조절할 수 있는 수문도 있다(그림 13-10 참조).

백슈트Backshot형은 피치백Pitchback 형이라고도 하는데 오버슈트형과 반대 방향에서 물이 수차 위로 떨어지게 되어 있다.

이 수차는 물이 수차를 돌리고 떨어진 뒤에도 언더슈트 수차처럼 다시 밑에서 계속 돌릴 수 있는 이점이 있다. 계절에 따라 수위水位가 많이 변

그림 13-12
미국의 앤더슨 수차. 백슈트와 언더슈트, 오버슈트 형식이 결합되어 있다.

하는 지역에서는 흘러나가는 쪽의 물의 수위가 거의 수차의 축 가까이까지 높아져도 수차가 가동된다. 그러나 보통의 오버슈트형 수차는 그런 상태에서는 가동이 되지 않는다.

수차나 수력 터빈은 발명자의 이름을 딴 경우가 많다. 예를 들면 펠턴 수차Pelton wheel, 카플란 터빈Kaplan Turbine 등이 있는데 실제로 많이 사용되는 수차나 수력 터빈에 대해 좀 더 상세히 알아보기로 한다.

수차와 수력 터빈

펠턴 수차

수차 중 가장 효율이 높으며 충격식 터빈impulse turbine에 속한다. 이는 물의 힘이 수차에 전달될 때 주로 뉴턴의 제2법칙에 따른 운동량의 전가 轉嫁로 일어나는 것을 말한다. 반대로 물의 압력(무게)으로 작동하는 수차나 터빈도 있는데 이를 반작용식 터빈reaction turbine이라고 한다.

펠턴 수차는 이전에 미국 캘리포니아의 '나이트 주조소Knight Foundry'에서 사용하던 나이트 수차Knight wheel를 개량한 것으로 주조소 주인인 사무엘 나이트Samuel Knight가 발명했다.

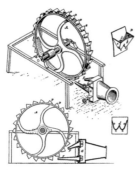

충격식 터빈은 수압차가 높은 곳에서 특히 좋은 효율을 내고 있다. 이제까지의 거의 모든 수차는 물의 압력을 이용하는 반작용식 수차였다.

펠턴Lester Pelton, 1829~1908은 미국 오하이오주의 버밀리언Vermilion에서 태어났는데 골드러시Gold rush가 한창이던 1850년에 캘리포니아로 이주해 목재소와 방앗간에서 일을 하다가 1870년에 나이트 수차를 개량한, 최고 효율의 수차 가운데 하나

그림 13-13
1880년 펠턴이 특허출원한 수차의 모습

를 만들었다.

나이트 주조소는 미국에서도 가장 늦게까지 수차를 이용하던 주조소로 펠턴은 그의 수차를 이용해 수위 차는 높지만 수량이 적은 물로 주조에 필요한 동력을 충당했다.

작동원리

물은 유도 수관水管을 따라 수차 날개의 접선 방향으로 분출된다. 분출되는 물줄기는 숟가락 모양으로 된 물받이에 부딪치게 되는데 이 물받이bucket들은 날개의 언저리에 고정되어 있다(그림 13-14 참조). 물이 물받이안으로 들어오면 물의 속도가 늦어지고 방향이 물받이의 모양을 따라 바뀐다. 물의 운동량의 변화가 날개를 구성하는 물받이에 압력으로 작용하여 수차를 돌리는 것이다. 결과적으로 물의 운동량momentum이 터빈의 운동량으로 변화한다.

최대의 출력과 효율이 나는 것은 터빈의 출구로부터 나오는 물의 속도가 날개에 달린 물받이의 원주속도의 2배가 될 때이다. 이때 아직 물에 남아 있던 약간의 에너지는 물을 비우는 데 사용되어 들어오는 수량水量과 나가는 수량의 균형을 잡게 한다. 나가는 수량이 들어오는 수량보

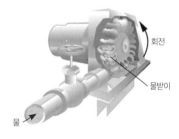

회전

물받이

물

그림 13-14 펠턴 수차와 그 작동원리

다 적으면 물은 서로 부딪혀 수차가 도는 것을 방해하므로 수차의 효율이 크게 떨어진다.

펠턴 수차는 흔히 두 개의 물받이가 옆으로 나란히 설치되는데 이는 분사되어 들어오는 물줄기를 둘로 나누기 위해서이다. 이렇게 해야 옆으로 작용하는 물의 힘이 평형을 유지하여 운동량의 효율적인 전환을 꾀할 수 있다.

물은 비압축성 유체이므로 파슨스 터빈의 스팀과는 달리 여러 단계를 거치지 않고도 하나의 단계로 거의 모든 운동량이 회전 에너지로 변환이 될 수 있다. 이 때문에 펠턴 수차는 보통 한 단계만으로 되어 있다.

펠턴 수차는 비교적 수위 차가 높고 수량이 적은 곳에서 적합하다. 또 크기가 다양해서 큰 것은 출력이 400메가와트(40만kw)의 것도 있으며, 수차의 지름이 몇 인치에 불과한 소형의 수차는 높은 산에서 떨어지는 적은 양(초당 몇 갈론 정도)의 수량으로도 발전에 이용할 수 있다.

펠턴 수차는 수위 차가 약 15미터에서 1800미터나 되는 고수위 차에도 효율적으로 이용되고 있다.

슈밤크루그 터빈

독일의 슈밤크루그Friedrich Wilhelm Schwamkrug, 1808~1880는 1848년부터 충격식 터빈을 만들기 시작했는데 주로 초超고수압에 이용되는 터빈을 만들었다. 그의 터빈은 거의 모두가 100미터 이상의 초고압력을 이용한 것이었다.

다음의 터빈은 그가 1890년 부다페스트에 있는 'Ganz & Co. AG'사에

서 사용한 터빈이다. 이 터빈의 특징은 축이 수
평인 것과 물을 배정하는 디스트리뷰터distributor
의 형태에 있다. 물은 디스트리뷰터를 통해 안쪽
으로부터 날개에 부딪치게 되어 있다. 수량 조절
에는 로터리 밸브가 사용되었다.

그림 13-15 슈밤크루그 터빈

　그러나 이 터빈은 펠턴 수차(터빈)가 나온 후
자취를 감추었으며, 지금은 독일 박물관에 전시
되어 있다.

방키 터빈

　방키 터빈은 방키-미셸 터빈Banki-Michell turbine 또는 오스베르거 터빈
Ossberger turbine이라 알려져 있는 수력 터빈으로 오스트레일리아의 앤서
니 미셸Anthony Michell, 1870~1959, 헝가리의 도나트 방키Donát Bánki, 1859~1922,
독일의 프리츠 오스베르거Fritz Ossberger, 1877~1947가 만들었다. 그러나 1903
년 처음으로 특허 신청을 한 것은 앤서니 미셸이었다.

　물이 터빈을 가로질러 흘러서 '크로스플로 터빈Crossflow turbine'이라고
도 한다. 1922년 오스베르거가 만든 회사가 지금도 이러한 형태의 터빈
을 주 품목으로 생산하고 있다.

　다른 터빈들에서는 물이 축상으로 통과하거나 접선상으로 흐르는 데
반해 방키 터빈에서는 물이 터빈을 관통한다. 그림 13-16에서 보는 것처
럼 물은 보통의 수차에서와 같이 터빈의 바깥쪽에서 들어와 첫 날개를
지나고 나서 그 반대편(그림의 아래쪽)으로 나간다. 날개를 두 번 통과함으

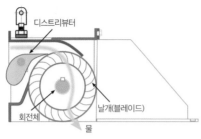

그림 13-16 방키 터빈의 물 흐름　　　　　그림 13-17 방키 터빈의 회전부

로써 효율을 높이는 것이다. 그리고 물이 두 번째의 날개를 떠날 때는 날개에 붙은 물질들을 청소하는 역할도 한다.

방키 터빈과 같은 관통형 터빈은 저속低速으로 작동한다. 그림에서는 노즐이 하나뿐이지만 실제의 터빈에서는 대부분 노즐이 두 개 있으며, 물의 흐름이 서로 방해되지 않도록 설계되어 있다. 또한 길이가 서로 다른 두 가지의 날개가 같은 축의 수차에 함께 있는데 대체로 날개 크기의 비는 1:2이며 2분의 1이나 3분의 1, 혹은 100퍼센트 모드로 수량에 따라 적용할 수 있다.

장점

방키 터빈은 펠턴 수차나 뒤에 설명할 카플란 터빈, 프랜시스 터빈보다 최대의 효율은 떨어지나 변화하는 부하負荷에도 거의 균일한 효율을 가진다는 장점이 있다. 부하가 6분의 1에서 최대까지로 걸려도 효율이 거의 일정하다. 이는 다른 터빈에서는 기대하지 못하는 부분이다.

방키 터빈은 상대적으로 저가형이며 2000킬로와트 이하의 초소형 수력 발전용으로 수압 차가 200미터 이하인 곳에 많이 쓰이고 있다.

수량의 변화가 많은 강에서는 실제 연평균으로 볼 때 관통형 터빈의 효율이 높다. 충격식 터빈처럼 고출력에서는 높은 효율을 가지나 저출력에서 효율이 떨어지는 터빈은 연평균 효율이 관통형에 비해 떨어진다.

부하나 수량의 변동에 관계없이 거의 일정한 효율을 가지는 관통형 터빈은 사람이 상주하지 않는 외딴 곳에 설치한 소형의 수력발전에 적합하다. 그리고 앞서 설명한 것처럼 물이 밑에서 떠날 때 날개를 청소하는 효과가 있기 때문에 다른 터빈에서와 같이 침전물 제거를 위한 작업이 필요 없거나 침전물에 의한 수차의 효율 저하가 없다.

프랜시스 터빈

영국-미국의 엔지니어인 제임스 프랜시스James B. Francis, 1815~1892가 개발한 프랜시스 터빈은 물의 흐름이 외측에서 내측으로 향하는 반작용식 터빈으로 축상axial과 방사상radial의 흐름을 이용한 것이다. 현재 가장 널리 쓰이는 수력 터빈이며 수위 차가 수 미터에서 수백 미터에 이른다.

수차는 오랜 인류 역사에서 여러 용도로 이용되어 왔으나 실제적으로 에너지 변환 효율을 높이려는 시도는 19세기 초에 들어와서일 것이다. 1826년 프랑스의 엔지니어 베누아 푸르네롱Benoît Fourneyron, 1802~1867은 물

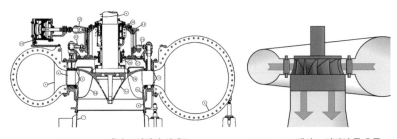

그림 13-18 프랜시스 터빈의 설계도　　　그림 13-19 프랜시스 터빈의 물 흐름

그림 13-20 미국 워싱턴주의 그랜드쿨리댐(왼쪽)과 댐에 사용된 프랜시스 터빈 회전체

이 접선 방향으로 안쪽에서 들어와 바깥쪽으로 나가는, 효율이 80퍼센트인 수차를 발명했고 프랑스의 수학자이자 공학자 장 빅토르 퐁슬레Jean Victor Poncelet, 1788~1867는 원리는 같지만 물이 바깥쪽에서 안쪽으로 흐르는 터빈을 1820년경에 디자인했다고 한다. 사무엘 하우드Samuel B. Howd는 그와 비슷한 디자인으로 1838년에 미국의 특허를 받았다.

1848년, 제임스 프랜시스는 수차의 디자인을 개선하여 효율을 90퍼센트로 높였다. 그는 과학적인 원리를 적용하고 또 실험적인 방법을 써서 가장 효율이 높은 터빈을 만들 수 있었다. 특히 그의 수학적이며 그래픽을 이용한 작업은 터빈 디자인을 혁신적으로 향상시켰다.

작동원리

프랜시스 터빈은 반작용식 터빈이다. 이것은 유체(물)가 터빈 내부를 통과하면서 압력의 변화가 일어나며 에너지를 전가轉嫁한다. 따라서 유체를 가두어두기 위해서는 표면을 감싸는 또 다른 표면이 필요하다. 또 터빈의 입구는 고압이 되고 출구는 저압이 된다. 이러한 터빈은 보통 댐의 아래쪽에 있다.

물이 터빈으로 들어오는 길은 그림 13-21에서 보는 것처럼 나선형으로 되어 있다. 이 물길은 물이 회전체에 접선 방향으로 들어오게 하며 터빈의 날개를 돌린다.

물의 양을 조정하는 수문gate도 출구에 설치되어 있다. 물이 안으로 들어갈수록 회전 반경이 짧아지므로 회전 속도는 증가

그림 13-21 그랜드쿨리댐 아래쪽에 위치한 프랜시스 터빈의 물의 입구

하고 에너지의 전환 효율은 높아진다. 물의 토출구는 중앙의 축 주위에 있는데(그림 13-22 참조) 물은 이곳으로부터 에너지를 거의 잃은 상태로 나오게 된다.

대형 프랜시스 터빈은 용도에 따라 개별적으로 설계되며 보통 90퍼센트 이상의 능률을 낸다. 프랜시스 터빈이 사용되는 수위 차는 보통 20미터에서 700미터 정도이며, 출력도 몇 킬로와트에서 1백만 킬로와트에 이른다. 갈수기에는 심야의 전력 등을 이용하여 하류의 물을 댐 위로 올리는 펌프로서의 역할도 할 수 있다.

유량이 최소일 때

세계에서 가장 큰 댐인 중국 싼샤三峡댐의 수력발전에도 프랜시스 터빈이 사용되었다. 양쯔강을 가로질러 놓인 싼샤댐은 10년 이상의 공사 기간을 거쳐 2006년에 완공되었다.

2012년 7월, 계획된 모든 발전설비가 완

유량이 최대일 때

그림 13-22 프랜시스 터빈의 물의 토출구

그림 13-23 중국 싼샤댐(왼쪽)과 댐에 사용된 프랜시스 터빈 회전체

성되었고 70만 킬로와트 발전기 32대가 가동되었다. 이로써 댐에서 발전되는 총 발전량은 2250만 킬로와트가 되었는데 이는 최근 우리나라 전체 발전량의 약 4분의 1에 해당하는 용량이다.

싼샤댐은 공해가 없는 깨끗하고 막대한 양의 전력을 공급할 뿐 아니라 하류 지역의 극심하던 홍수 피해도 예방하고 강의 교통도 원활하게 만들고 있다. 비록 상류에 형성된 큰 저수지 때문에 고고학적으로 중요한 문화 지역을 침수시키고 124만 명의 이주민을 내거나 산사태 등 환경적인 문제를 일으키기도 하였으나 중국 역사상 가장 중요한 엔지니어링의 성과로 평가 받고 있다.

카플란 터빈

카플란 터빈은 프로펠러식 터빈으로 프로펠러의 피치(pitch, 간격의 각도) 조절이 가능하다. 1913년 오스트리아의 빅토르 카플란Viktor Kaplan, 1876~1934년 교수가 발명했다. 유량流量은 풍부하지만 프랜시스 터빈으로는 효율적으로 작동할 수 없는 수압이 낮은 곳에 적합하도록 고안되어 널리 이용되고 있다.

카플란은 예전 체코슬로바키아의 모라
비아 지방에서 살았는데 1912년에 블레이
드의 피치를 바꿀 수 있는 프로펠러 터빈
에 대한 특허를 받았다.

실제 상업적으로 이용할 수 있는 터빈
을 만든 것은 그로부터 10여 년 후로, 1922
년에는 캐비테이션(cavitation, 프로펠러 회전
시 공기 방울이 생기는 현상) 문제와 건강상의

그림 13-24 카플란 터빈의 프로펠러

이유로 개발을 거의 포기한 상태였다. 그러나 그 얼마 전인 1919년에 카
플란은 체코슬로바키아의 포데브라디Poděbrady에 작은 시험용 터빈을 설
치했다.

1922년 'Voith'사(현재는 Siemens-Voith)는 강에서 사용할 수 있는 약
800킬로와트(1100HP)의 카플란 터빈을 만들었다. 1924년에는 스웨덴의 릴
라에데트Lilla Edet에 8000킬로와트의 카플란 터빈이 설치되어 성공적으로
가동됨으로써 세계적으로 인정을 받고 널리 사용되기 시작했다.

작동원리

카플란 터빈은 유체(물)가 안쪽으로 흐르는 반작용식 터빈이다. 이는
유체가 터빈을 통과하면서 에너지를 잃고 압력이 변한다는 것을 의미한
다. 디자인은 축상과 방사상을 다 가진다.

물의 입구는 스크롤scroll 형태의 관으로 되어 있고 터빈의 쪽문wicket
gate을 감싸고 있다. 물은 접선 방향으로 들어와 쪽문을 지나 회전하여
프로펠러에 부딪치며 프로펠러가 돌게 한다. 출구는 특별히 고안된 흡

그림 13-25
61년간 사용한 카플란 터빈의 모습

출관draft tube으로 물의 속도를 줄이며 운동 에너지를 회수하도록 되어 있다.

카플란 터빈은 일반적인 충격식 터빈의 프로펠러와는 달리 압력을 이용하기 때문에 프로펠러의 주위를 감싸는 하우징(튜브)이 설치되어 있다.

또 카플란 터빈은 물이 흐르는 가장 낮은 위치에 있을 필요가 없다. 높은 곳에 있어도 물이 터빈을 빠져나가며 빨아내는 힘이 작용하기 때문이다. 그러나 이 같은 압력의 급격한 저하는 캐비테이션의 원인이 될 수 있다.

이 터빈은 날개의 각도를 조절할 수 있으므로 수위가 극히 낮지 않은 이상 거의 90퍼센트 이상의 효율을 유지할 수 있다. 한 가지 문제는 프로펠러 날개의 각도 조절은 유압positive pressure에 의한 것이어서 항상 유압을 유지해야 한다는 점이며, 이는 기름 유출의 원인이 될 수 있다. 기름이 강물로 새어 나가는 것은 법으로 엄격하게 금지되어 있다.

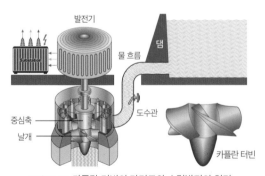

그림 13-26 카플란 터빈의 단면도와 수력발전의 원리

여러 형태의 프로펠러식 터빈

카플란 터빈은 프로펠러 터빈 중 가장 많이 쓰이는 터빈이지만 몇 가지 변형된 형태의 다른 터빈들이 있다.

프로펠러 터빈 Propeller Turbine

카플란 터빈과는 달리 프로펠러 날개의 각도를 조절할 수가 없게 되어 있다. 이 터빈은 주로 수위 차가 그리 높지 않는 곳에서 사용된다.

벌브 또는 튜뷸러 터빈 Bulb or Tubular Turbine

프로펠러 주위로 이를 감싸는 튜브에 둘러싸여 있다. 큰 벌브가 튜브의 중앙에 있으며 발전기와 쪽문, 터빈의 회전체를 포함하고 있다. 튜뷸러 터빈은 순수하게 축상으로 설계되어 있으나 카플란 터빈은 방사상의 쪽문을 가지고 있다는 점이 다르다.

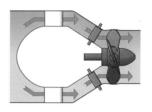

그림 3-27 벌브 또는 튜뷸러 터빈

핏 터빈 Pit Turbine

벌브 터빈이며, 기어 박스를 가지고 있어 작은 용량에 쓸 수 있다.

스트라플로 터빈 Straflo Turbine

축상 터빈으로 발전기가 수로의 외부에 나와 있고 터빈의 회전체와는 별도로 연결

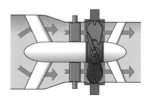

그림 3-28 스트라플로 터빈

되어 있다.

VLH 터빈VLH Turbine

카플란 터빈을 물의 흐름에 대해 약간 기울어진 각도로 설치한 것으로 터빈의 블레이드(날개)가 크고 물의 압력이 아주 작은 흐름에서 이용

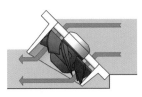

된다. 이 터빈은 직경이 크고 발전기는 주로 영구자석을 가진 것을 사용하며, 회전 속도가 늦어 터빈을 통과하는 물고기들에게 비교적 안전하다. 물고기의 치사율은 5퍼센트 이하이다.

그림 13-29 VLH 터빈

타이슨 터빈Tyson Turbine

유속이 빠른 물을 이용하기 위한 프로펠러 터빈으로 강바닥에 영구 고정되거나 일반 선박, 짐배barge 등에 묶여 사용된다.

14장

풍차와 풍력 터빈

풍차의 형태

풍차Windmill나 풍력 터빈Wind turbine은 바람의 힘을 보다 사용이 편리한 에너지의 형태로 변환하는 장치인데 주로 회전체의 회전 에너지로 바꾸어 곡식을 찧거나 물을 퍼 올리거나 발전을 하는 목적으로 사용되었다. 풍차 형태의 것은 고대부터 있어온 것으로 생각된다.

풍차와 풍력 터빈의 구분은 확실하지는 않으나 풍차의 효율을 과학적으로 개량한 것을 일반적으로 풍력 터빈이라 부르고 있다.

이 장에서는 특히 지금까지 알려지지 않았거나 최근에 개발된 풍력 터빈에 대해서 알아보려고 한다.

현재 전 세계에서 그린 에너지Green Energy의 필요성에 대한 인식이 높아짐에 따라 수많은 과학자들과 엔지니어들이 풍력 터빈과 태양 에너지에 관한 연구를 활발히 하고 있다. 풍력과 태양 에너지 등을 이용한 재생 에너지Renewable energy 산업은 이제 21세기에 들어서면서 새로운 산업으로 자리 잡고 있고 앞으로 크게 확대되어 나갈 것임이 틀림없다.

한국의 대학에서도 이 분야에 대한 연구가 활발한 것으로 보이지만, 새로운 풍력 터빈 등에 대한 연구 결과에 대해 발표된 것을 본 기억이 별로 없는 것으로 보아 아직도 우리의 연구는 가장 보편적인 수평축 프로펠러형 터빈에 국한된 듯하다.

언론 보도를 보면 최근 한국의 많은 기업들이 풍력 터빈이나 태양광 발전 사업에 주목하고 이미 생산에 박차를 가하고 있는 것 같다. 이 장에서 소개하는 새로운 형태의 풍력 터빈에 대한 아이디어들이 그들의 연구에 도움이 되었으면 한다.

풍차라고 하면 언뜻 네덜란드의 풍차를 연상하기 쉬우나 갖가지 형태의 풍차가 이미 고대로부터 세계 각처에서 이용되어왔다.

이 가운데 고정 풍차는 바람의 방향이 항상 같은 지역에 주로 설치된다(그림 14-1 참조). 그러나 북유럽에서는 바람의 방향이 수시로 변하기 때문에 풍향의 변화에도 계속 사용할 수 있도록 풍향에 따라 방향을 바꾸는 풍차가 12세기경부터 개발되었다(그림 14-2 참조).

이러한 풍차는 위쪽의 작은 풍차가 큰 풍차와는 90도의 각도로 설치되고 바람이 오는 방향을 향하게 되면 회전한다. 또 톱니 장치가 있어서 작은 풍차가 회전하며 풍차 전체의 윗부분을 돌리게 되어 있다.

그림 14-1 네덜란드의 풍차와 그 내부 구조

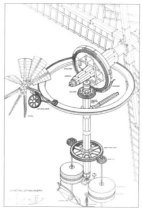

그림 14-2 풍향에 따라 방향을 바꾸는 풍차와 그 내부 구조

이전의 유럽 풍차들은 대부분 날개가 네 개인데, 더 많은 힘을 얻기 위해 날개가 여러 개 있는 것도 사용하였다.

날개가 세 개짜리인 풍차는 그중 하나만 훼손되어도 사용하지 못하지만 날개가 네 개짜리인 풍차는 하나가 고장 나면 다른 하나를 같이 제거해 2날개로 약 60퍼센트의 힘을 얻었다. 날개가 여섯 개짜리인 풍차는 하나가 고장 나면 3날개나 4날개로 운전이 가능하고 두 개가 고장 나면 3날개로 운전이 가능하다.

그러나 날개가 다섯 개짜리인 풍차는 그중 하나만 고장이 나도 완전히 수리할 때까지 사용할 수 없다. 물론 날개가 여덟 개짜리인 풍차는 날개 2, 4, 6, 8개짜리 풍차로 사용할 수 있으므로 날개가 여섯 개까지 고장 나도 쓸 수 있다.

그림 14-3 영국 헤킹턴 지역의 8날개 풍차

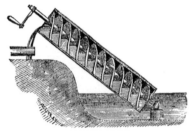

그림 14-4 아르키메데스의 나선형 펌프

그림 14-5 차스커

네덜란드는 국토의 상당 부분이 해수면보다 낮아 항상 땅속으로 스며드는 물을 퍼 올릴 필요가 있다. 이런 경우 퍼 올려야 할 물의 수위 차는 크지 않다. 보통 간단한 풍차를 이용해 물을 퍼 올리는데 이것이 차스커 Tjasker이다.

그림 14-6 물을 퍼 올리기 위한 전용 풍차(영국)

차스커는 간단한 지지대에 비스듬히 설치된 풍차가 아르키메데스의 펌프를 돌려 물을 퍼 올린다(그림 14-5 참조). 이보다 대형의 펌프 전용 풍차도 있다(그림 14-6 참조).

미국에서는 중서부의 농장이나 목장에서 가축에 먹일 물을 공급하기 위하여 간단한

그림 14-7 미국 중서부 지방의 풍차

철탑에 금속으로 된 날개들이 달린 풍차를 많이 썼다. 이 풍차들은 1950년대 이후 거의 모두가 전기 모터로 대체되었다.

한편, 풍차로서 앞서 설명한 기능과는 전혀 다른 목적으로 사용된 클로포테츠Klopotec라는 나무로 된 풍차를 알아보자.

이것은 주로 동유럽 지역인 슬로베니아와 크로아티아, 오스트리아의 포도원 등에서 새들을 쫓기 위해 만든 것으로 풍차가 회전하면 나무로 된 망치가 판을 두드려 소리를 낸다.

망치의 수와 판의 종류에 따라 그 소리도 달라진다. 우리나라의 논에 세워 두는 허수아비의 동유럽 대체품이라 할 수 있겠다.

그림 14-8 클로포테츠

풍력 터빈의 종류

풍력 터빈은 풍차와 같은 원리의 장치이나 에너지 변환 효율을 높이기 위해 현재의 과학적 지식을 좀 더 활용했다는 점에서 차이가 난다. 그러나 이러한 구분도 확실하지는 않고 이제는 예전의 풍차들을 제외하고는 거의 풍차Windmill 대신 풍력 터빈Wind turbine이라고 부르는 듯하다.

풍력 터빈이 스팀 터빈과 근본적으로 다른 점은 바람의 압력이 작용하는 면적이 스팀 터빈에 비해 엄청나게 넓다는 것이다. 물론 단위면적당 작용하는 압력의 크기는 스팀 터빈에 비해 극히 작다. 따라서 스팀 터빈은 고압 터빈이고 풍력 터빈은 저압 터빈으로 분류할 수 있을 것이다.

이런 점만 보더라도 단위면적당 에너지의 양이 적은 풍력은 에너지를 많이 얻기 위해서는 큰 면적을 차지한다는 것을 알 수 있다.

일반적으로 풍차나 풍력 터빈의 출력과 터빈의 크기의 관계를 나타내는 식은 다음과 같다. a는 풍차의 디자인에 따른 계수, ρ는 공기의 밀도, r는 터빈의 반경이며 v는 풍속이다.

$$P(출력) = \frac{1}{2} a p \pi r^2 v^3$$

여기서 풍차의 출력이 풍속의 제곱이 아니고 세제곱에 비례한다는 것에 주목할 필요가 있다. 언뜻 보기에 풍력은 풍속의 제곱에 비례하는 것 같으나 풍차에서는 세제곱에 비례한다.

그 이유는 풍차의 날개에 전달되는 풍력은 그 운동 에너지에 해당하는 $1/2mv^2$이지만 풍속이 빨라지면 그 속도만큼의 바람이 풍차를 더 많이 통과하므로 풍차에 전달되는 바람의 총 에너지는 속도의 세제곱 v^3에 비례하게 되는 것이다. 이 식에서 보는 것처럼 풍차의 출력은 크기와 바람의 속도에 크게 의존한다.

이 점을 기억해두고 다음에 여러 가지 풍력 터빈을 살펴보자.

프로펠러형 풍력 터빈수평축형 풍력 터빈, HAWT

현재 가장 일반적으로 사용되고 있는 풍력 터빈은 프로펠러형 터빈일 것이다. 프로펠러는 외부에서 동력을 가해 돌리면 바람이 발생하고 역으로 날개에 바람이 작용하면 에너지가 외부로 발생하는 장치이다. 비행기

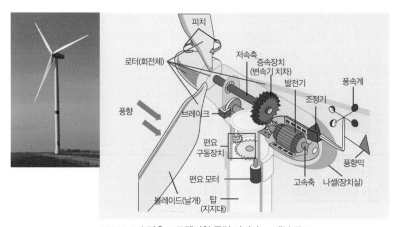

그림 14-9 수평축 프로펠러형 풍력 터빈과 그 내부 구조

나 가정에서 사용되는 선풍기에서는 프로펠러가 바람을 일으키는 장치로 사용되고 풍력 터빈에서는 에너지를 생산하는 장치가 되는 것이다.

풍력 터빈은 현재 각국에서 전력을 생산하는 데 이용되고 있다. 가장 보편적인 프로펠러형 터빈은 날개가 세 개 있고 수평축을 가진 것(수평축형 풍력 터빈, HAWT: Horizpntal Axis Wind Turbine)으로 효율이 높고 토크torque의 변화가 크지 않도록 프로펠러 끝부분의 최고 속도가 풍속의 약 6배까지 나도록 설계되어 있다. 회전 속도가 빨라져 초음속에 이르면 프로펠러의 효율이 급격히 저하된다.

프로펠러의 크기는 대개 20~40미터 정도 되는 것이 가장 많고 프로펠러를 지지하고 있는 철탑의 높이는 50~90미터에 달한다. 프로펠러의 회전 속도는 대개 10~22rpm 정도이며 보통 발전기를 돌리기 위해 기어gear로 속도를 높인다.

발전기의 회전 속도는 그 지역에서 사용하는 전력의 주파수를 따른다. 우리나라처럼 주파수가 60헤르츠인 경우는 대개 3600rpm의 약수를 택한다. 다시 말해 60rpm, 120rpm, 180rpm이나 360rpm 등을 택한다. 발전된 전력은 기존의 송전망과 연결해 사용하도록 되어 있다.

풍력 터빈 중에는 항상 일정한 속도로 운전하도록 되어 있는 것도 있고 속도가 변하는 것도 있다. 이때 발생하는 전압차나 주파수를 기존 송신망과 일치시키

그림 14-10 5000킬로와트 출력의 풍력 터빈이 설치되고 있는 모습

기 위해서는 특별한 변환기converter가 필요하다. 모든 터빈은 풍속이 너무 빠를 때 안전을 위해 차단되도록 설계되어 있다.

최근 미국에서 공개된 가장 대용량의 풍력 터빈은 15메가와트(1만 5000kw)짜리라고 하며, 2019년 현재 독일의 지멘스Siemens사가 생산하고 있는 SG10.0-193DD 모델의 대형 해양풍력 터빈은 출력이 10메가와트로 로터의 직경이 193미터, 블레이드(날개)의 길이가 94미터라고 한다.

장점

1. 블레이드의 피치pitch를 자동 혹은 원격 조정하여 바람에 대해 최적의 각도로 대응하게 함으로써 시간대에 따른 풍속의 변화나 계절의 변화에도 효율을 극대화할 수 있다.

2. 고도에 따라 풍속의 변화가 있는 지역에서는 철탑이 매 10미터 높아질 때마다 풍속은 약 20퍼센트 증가하고 출력은 약 34퍼센트 증가한다.

3. 블레이드가 항상 바람을 향하고 있어서 효율이 높다. 이에 비해 수직축이나 공중에 떠 있는 형태의 터빈은 회전 과정 중 일부에서 바람과는 반대 방향으로 돌아 에너지의 손실이 많다.

단점

1. 긴 철탑이나 터빈의 날개를 수송한다는 것은 쉬운 일이 아니다. 수송비는 장비 전체 가격의 평균 20

그림 14-11 프로펠러형 풍력 터빈의 날개를 수송하는 장면

퍼센트를 차지한다(대형일수록 수송비 비중이 높아 15메가와트짜리는 수송
비가 거의 30퍼센트에 이른다고 한다).

2. 긴 철탑이나 터빈을 설치하는 데에는 특수 장비와 숙련된 인력이
   요구된다.

3. 무거운 철탑과 발전 장비들은 튼튼한 철탑 기초공사가 필요하다.

4. 철탑이나 터빈 등에서 반사되는 전파로 레이더가 장애를 일으킬 수
   있다.

5. Downwind형(철탑이 프로펠러보다 바람의 앞쪽에 있는 형태)은 피로에
   의한 구조상의 손상을 입을 수 있다. 블레이드가 철탑의 '바람의 그
   림자(프로펠러가 철탑의 뒤쪽에 있으면 철탑 때문에 바람이 막히는 부분)'를
   지나는 동안 철탑에 의해 생긴 난기류에 접하기 때문이다. 이런 이
   유로 거의 모든 철탑은 터빈의 뒤쪽에 있다.

6. HAWT는 블레이드가 바람을 향하도록 하는 여분의 장치(Yaw, 편요
   계)가 있어야 한다.

이외에도 주기적인 스트레스의 변화는 블레이드, 축과 베어링 재질의
피로현상을 일으키고 터빈의 파손으로 이어질 수 있다. 보통 블레이드가
가장 높은 위치에 올라갔을 때 바람도 가장 강한 경우가 많으므로 블레
이드에 최대의 스트레스를 준다.

가장 낮은 위치에서는 바람의 속도도 낮고 또 탑이 바람의 흐름을 방
해해 스트레스의 차이가 발생하는데 이런 일이 되풀이되면서 특히 베어
링에 많은 피로현상을 일으킨다.

피로현상은 짝수의 날개를 가진 프로펠러에서 더 강하게 일어난다.

저점의 차가 크기 때문이다. 이 점을 보완하기 위해 축이 몇 도가량 흔들릴 수 있도록 허용하는 'teetering hub'라는 것이 마련되어 있다.

수직축형 풍력 터빈VAWT

수직축형 풍력 터빈(VAWT: Vertical Axis Wind Turbine)이란 로터의 축이 수직으로 설치된 터빈을 말한다.

이 터빈의 최대 장점은 풍향에 관계없이 바람이 어느 쪽에서 불어오더라도 같은 효율을 낼 수 있다는 것이다. 풍향이 매우 자주 바뀌는 지역에 적합한 터빈이라고 할 수 있다. 또 발전기와 기어박스gearbox 같은 무거운 물건들을 지상에 설치할 수 있어 철탑이 필요 없고 수선이나 유지 등이 쉽다.

이 터빈의 단점은 종류에 따라 토크의 발생이 일정하지 않고 맥동적脈動的이며 블레이드가 도는 방향이 풍향과 반대가 될 때 끌리는 현상이 나타난다는 점이다.

또 긴 수직축의 터빈을 높은 탑에 설치하기가 어려워 보통 지상에 설치하는데, 지상이 공중보다 바람의 속도가 낮아 같은 크기의 터빈이라도 수평축의 터빈보다 얻을 수 있는 출력이 작다. 거기다가 터빈 블레이드의 반이 풍향과는 반대쪽을 향하고 있어 동력 발생을 상쇄시킨다. 따라서 수직축 터빈의 효율은 40~59퍼센트를 넘지 못한다.

그 밖에 지상의 장애물들에 의한 풍향의 잦은 변화로 진동이 발생할 수 있어 베어링 등의 수명이 단축되는 원인이 되기도 한다. 그러나 주위 건물의 반 정도 되는 높이에 설치하면 건물에서 반사되어 오는 풍력도 이용할 수 있으므로 최대의 효율을 얻을 수 있다.

다음은 수직축형 풍력 터빈의 종류를 알아보기로 한다.

다리우스 터빈

다리우스 터빈Darrieus Wind Turbine은 '에그비터Eggbeater'라고도 불리는
데 그 모양이 가정에서 쓰는 달걀 거품기처럼 생겼기 때문이다. 효율은
수직축형 터빈으로는 좋은 편이나 토크의 편차가 크고 축이나 탑에 많
은 스트레스를 주며 안정성이 결여된다. 또 시동始動 때 토크가 크지 않
으므로 처음 발동을 걸어줄 외부 출력이 필요하다. 곧 사보니우스 로터
Savonius rotor와 같은 추가 장치가 있어야 하는 것이다.

토크의 편차ripple를 줄이기 위해서는 날개가 세 개 혹은 그 이상이 요
구된다. 큰 터빈은 예전에는 지지선guy-wire이 있었으나 최근의 모델들은
베어링 위에 특수한 구조를 만들어 그것으로 대신한다.

• 작동원리

다리우스 터빈은 다음에 설명할 사보니우스 터빈Savonius Wind Turbine과

그림 14-12 다리우스 터빈

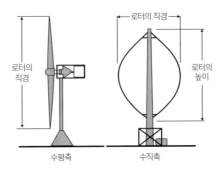

그림 14-13 터빈의 크기 비교

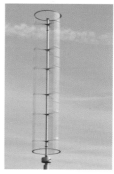

그림 14-14	그림 14-15
사보니우스 터빈을 가진 다리우스 터빈	가정용 다리우스 터빈

는 달리 lift-type으로, 바람의 압력 대신 비행기 날개에서와 같이 양력揚力에 의해 회전력을 발생시킨다.

이 터빈의 최대 특징은 블레이드가 회전할 때의 접선 속도가 풍속보다 빠르다는 점이다. 그래서 발생하는 토크는 작으나 훨씬 빠르게 회전하기 때문에 물을 푸는 펌프 등으로는 적합하지 않고 주로 발전용으로 사용된다. 앞에서도 설명했지만 처음 시동력을 발생시키는 장치로 사보니우스의 풍차를 같이 가지고 있는 경우가 많다.

직경이 큰 다리우스 터빈은 고속 회전에 의한 원심력이 매우 커서 블레이드를 강한 재질로 만들 필요가 있다. 그러나 베어링이나 발전기에 미치는 힘은 사보니우스 터빈에 비해 작다.

다리우스 터빈은 여러 형태로 디자인되고 있다.

사보니우스 터빈

사보니우스 터빈Savonius Wind Turbine은 1922년 핀란드의 엔지니어 사보니우스Sigurd Savonius, 1884~1931 가 발명하였다. 이 같은 방식의 기계를 처음

그림 14-16 사보니우스형 터빈

으로 만들려고 한 사람은 독일의 베슬러Ernst Bessler였는데 그는 불행히도 1745년에 터빈을 설치하려다 떨어져서 죽었다고 한다.

사보니우스 터빈은 가장 간단한 터빈 중 하나이다. 공기역학적으로는 drag type(바람에 의해 밀거나 끌려가는 형태라는 뜻)에 속하는 것으로 두 개 내지는 세 개의 반원통의 날개가 마주보는 모양으로 되어 있다. 두 개짜리는 위에서 보면 S자 형태로 보인다(그림 14-17 참조).

이 터빈이 바람을 맞으면 한쪽은 부드러운 곡면 때문에 저항(압력)을 덜 받고 바람의 저항을 더 많이 받는 부분에 밀려 회전을 한다. 이렇게 밀치는 힘의 차가 회전운동을 일으키는 것이다. 사보니우스 터빈은 다른 형태의 터빈보다 바람의 힘을 회전력으로 전환하는 효율이 낮다.

사보니우스 터빈은 효율보다는 값이 싸고 높은 신뢰성이 요구되는 곳에 사용되고 있다. 예를 들면 기상청에서 쓰는 풍속계 등은 사보니우스의 터빈을 쓰는데 효율보다는 정확성과 신뢰성이 중요하기 때문이다. 풍향에 관계없이 작동하므로 부표 등의 표시등表示鐙을 켜는 것과 같은 소형 발전을 하는 데는 주로 이 터빈을 쓴다.

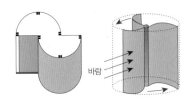

그림 14-17 두 날개와 세 날개의 사보니우스 터빈

그림 14-18 터빈에 작용하는 바람의 진로

278

자이로밀 터빈

자이로밀 터빈Giromill Turbine은 다리우스 터빈의 변형인데 다리우스 터빈의 블레이드가 곡선을 이루는 데 반해 이것은 거의 직선이다. 토크의 굴곡을 줄이기 위해 형태를 가변 피치variable pitch로 했다. 가변 피치의 이점은 풍속의 변화에도 토크는 균일성

그림 14-19 자이로밀형 터빈

을 보이며 낮은 블레이드 속도와 높은 효율을 가진다.

직선형이나 V자형 혹은 다른 곡선형의 블레이드도 이용할 수 있다고 한다. 시동 때의 토크가 커서 다리우스 터빈에서처럼 별도의 장치나 터빈이 필요 없다. 이 터빈은 적당한 속도의 바람만 있으면 자체적으로 돌기 시작한다.

기발한 형태의 풍력 터빈

이 터빈들은 앞서 설명한 두 가지 유형의 풍력 터빈과는 그 형태가 크게 다른 것으로 이미 상업적 용도로 사용되고 있는 것들도 많이 있다.

M.A.R.S. 터빈

M.A.R.S.Magenn Power Air Rotor System 터빈은 고공의 바람의 에너지로 발전을 하기 위해 스웨덴의 마겐Maggen이라는 회사가 개발한 것이다. 이 장비는 높이 떠 있을 수 있도록 내부가 헬륨으로 채워져 있다고 한다.

4킬로와트 출력의 터빈 발전기로 처음 생산이 시작되었는데 600~1000

그림 14-20 330미터 상공에서 줄에 매달려 떠 있는 M.A.R.S. 터빈

피트 높이에서 바람을 포착하도록 설계되었다고 한다. 여기서 발전된 전력은 필요한 곳에 즉시 사용할 수 있다.

고공高空은 지표에 비해 훨씬 풍속이 빠르고 또 일정 방향의 바람을 이용할 수 있으며 거의 24시간 발전이 가능하다. 또 공중을 나는 새에게도 전혀 해가 없어 이 터빈 때문에 부상당하거나 죽는 새는 없을 것으로 생각되고 있다. 이 터빈이 작동하는 데는 불과 초속 1미터 정도의 아주 낮은 풍속으로도 충분하다고 한다.

에너지볼 터빈

에너지볼 터빈Energy Ball Wind Turbine 또한 스웨덴의 한 회사가 개발했는데 네덜란드와 벨기에에도 판매하였다고 한다. 'Home Energy'라는 회사이다.

이 터빈은 지붕 위나 마당의 지지대 위에 간단하게 설치할 수 있으며 다른 어떤 전통적인 풍차보다 효율이 높고 초속 2미터 정도의 낮은 풍속에서도 발전이 가능하다고 한다. 특수한 디자인 덕분에 바람은 '처음에는 집결하고 다음에는 가속하며 로터를 관통한다'고 표현한다.

Home Energy사에 따르면 이 소형의 터빈 발전기가 연간 500킬로와트아워kWh의 전력을 생산해 네덜란드의 평균 가정에서 일 년 간 사용하는 전력의 약 15~20퍼센트의 전력을 충당할 수 있다고 한다. 그러나 실제의 발전량은 풍속이 초속 7미터 정도일 때이므로 네덜란드의 평균 풍속이 초속 4.3미터임을 생각해볼 때 과장된 측면이 있다.

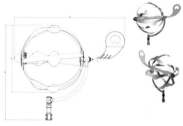

그림 14-21 에너지볼 터빈

또 네덜란드는 세계에서도 바람이 많기로 이름난 곳이어서 그보다 바람이 덜 부는 곳에서 사용할 때는 실제 경제성이 크지 않을 것이다. 그럼에도 이것을 소개하는 이유는 우리나라의 연구자들도 다양한 아이디어에 접할 수 있는 기회를 가졌으면 하는 바람에서이다.

회사가 설명하는 터빈의 작동원리는 다음과 같다.

가장 현대적인 풍력 터빈은 세 날개를 가진 프로펠러 디자인으로 컴퓨터에 의해 바람의 방향을 향하도록 되어 있고 프로펠러의 끝의 속도는 풍속의 6배까지 이를 수 있다. 이와 반대로 에너지볼 터빈은 비압축성 유체가 파이프의 좁은 목throat을 지날 때 압력이 변하는 벤트리 효과 Venturi Effect를 이용한 것으로 구형球形의 에너지볼의 여섯 날개 사이와 그 주위로 공기를 흐르게 하였다. 그 결과 매우 낮은 풍속에서도 효율이 높은 터빈을 만들 수 있었다.

루프윙 터빈

루프윙 터빈Loopwing Wind Turbine도 에너지볼 터빈처럼 산뜻한 디자인의 현대식 풍력 터빈이다. 일본의 한 회사에서 개발했는데 주로 가정용과

그림 14-22 루프윙 터빈

같은 소형의 발전을 위한 것이다.

이 터빈은 초속 3.5미터 정도의 낮은 풍속에서도 작동하며 효율이 43 퍼센트나 된다고 한다. 2006년에 'Good Design' 상을 받았고 장난감으로도 개발되어 판매되었다.

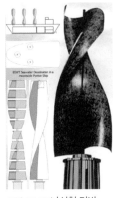

그림 14-23 나선형 터빈

나선형 터빈

나선형 터빈Helical wind Turbine은 아주 간단한 나선 모양의 날개를 가진 터빈이다. 이 터빈의 발명자는 효율을 최대로 하기 위해 날개의 표면을 광전지로 덮으면 좋을 것이라고 추천했다. 풍력과 광 에너지를 다 이용하는 일석이조의 성과를 올릴 수 있기 때문이다.

이 터빈은 수직축이므로 풍향에는 관계가 없이 작동할 것이다. 형태로 보아 효율은 사보니우스 터빈과 비슷하리라 생각된다.

고속도로의 터빈

자동차가 많이 질주해 다니는 고속도로에 설치해 자동차의 움직임에 의해 발생되는 바람의 힘을 이용하려는 것이 이 장치의 목적이라고 한다. 이 아이디어는 미국 애리조나주립대학교Arizona State University에 다니는 한 학생의 제안으로 이루어졌는데 평균 시속 110킬로미터로 달리는 고속도로에서는 다른 바람의 영향 없이도 연간 9600킬로와트의 전력을 생산할 수 있을 것이라고 한다.

이것은 고속도로의 표시판을 함께 이용할 수 있어 우리나라의 전국 고속도로에 이와 비슷한 장치들을 한다면 상당한 양의 발전을 기대할 수 있다. 특히 바람이 많은 지역에서는 자동차들의 움직임에 의한 바람뿐 아니라 자연의 바람도 이용할 수 있어 더 많은 발전량을 얻을 수 있다.

그림 14-24
고속도로에 설치된 다리우스 터빈

그러나 이 제안은 실용성보다는 한 학생의 기발한 아이디어를 이 책을 읽는 독자들에게 알리기 위해서 실었다.

초고층빌딩의 터빈

바레인 세계무역센터The Bahrain World Trade Center는 높이 240미터의 두 개의 빌딩으로 이루어진 복합 시설물로 2008년 바레인의 마나마Manama에 세워졌다. 이 50층짜리 빌딩은 세계 최초로 빌딩 사이에 거대한 풍력 터빈을 설치하여 필요한 전력의 일부를 감당하고 있다.

세 개의 구름다리skybridge가 두 빌딩을 연결하고 있고 각 다리에는 날개의 직경이 29미터나 되는 커다란 풍력 터빈이 설치되어 있다. 이 터빈들은 페르시아만의 바람이 불어오는 북쪽을 향하고 있다.

배의 돛 모양으로 디자인되어 주변의 '빌딩풍'을 터빈이 있는 쪽으로 모으는데 중앙 축에 대해 45도의 각도로 불어오는 바람이 풍력 터빈에 직각으로 마주쳐 발전량을 늘리게 되어 있다.

이 터빈은 각각 225킬로와트의 전력을 생산하며, 세 개의 터빈이 발

그림 14-25 바레인 세계무역센터 빌딩(바람이 터빈 쪽으로 모이도록 빌딩의 모서리가 곡선으로 되어 있다.)

전하는 총 전력 675킬로와트는 빌딩에 필요한 전력의 약 11~15퍼센트를 공급한다고 한다. 이 터빈은 2008년 4월 8일부터 가동을 시작했다.

빌딩은 2006년 '기술을 가장 잘 이용한 대형 프로젝트' 상과 아랍건축협회의 'Sustainable Design Award'를 수상했다.

건물 옥상의 터빈

평범한 건물의 옥상에 풍력 터빈을 설치하는 시도는 최근 재생 가능한 에너지원 개발의 일환으로 주목을 끌고 있다. 건물의 옥상 외에 긴 다리 등에도 설치할 수 있어 특정 장소를 필요로 하지 않는다는 이점이 있다.

건물의 옥상에 설치하는 터빈은 주위 건물들의 영향을 받아 발전량의 변화가 심하므로 정상적인 용도의 전력으로 사용하기는 어렵다. 그러나 건물의 난방용 정도로 사용하는 데는 아무런 지장이 없을 것이다. 온수조 내에 가열 코일만 설치한다면 어떤 풍속으로 발전되는 전압도 손실 없이 그대로 사용할 수 있기 때문이다.

또 서울의 한강에서처럼 길고(1킬로미터 이상) 다리가 많이 있는 곳에

그림 14-26 건물 옥상에 설치된 풍력 터빈

이런 터빈을 설치한다면 상당한 발전량을 얻을 수 있다. 이렇게 얻은 전력은 한강 다리와 한강 공원들의 조명용으로 이용하고도 남을 것이다.

현대식 풍력 터빈의 발달

끝으로 현대식 풍력 터빈의 발달사와 세계 각국의 풍력 사용 현황에 대해 알아보기로 한다.

현대식 프로펠러형의 풍력 터빈은 1979년 덴마크의 쿠리안트Kuriant와 베스타스Vestas, 보누스Bonus사에 의해 처음으로 상업적으로 만들어졌다. 당시에 주로 만들던 기종은 지금의 기준으로는 소형인 20~30킬로와트 정도 되는 것이었다. 이후 풍력 터빈의 크기도 훨씬 커졌고 생산 국가 수도 많아졌다.

2000년에서 2006년 사이의 세계 풍력발전량은 4배 이상 증가했고 매 3년마다 총 발전량이 두 배가 되고 있다. 그러나 이러한 증가량의 81퍼센트는 미국과 유럽에서 있었다. 2008년, 전 세계적인 풍력발전량은 12만 1188메가와트(1억 2118만 8000킬로와트)이고 이중 55퍼센트가 유럽에서 발전되었다.

이 추세는 2010년까지 이어졌는데 그 뒤로 풍력 터빈의 증가가 가장 많았던 곳은 중국이었다. 2010년 이후 세계적으로 건립된 풍력발전 설비의 거의 절반이 중국에서 이루어졌고 그 결과, 2019년 말 중국의 풍력발전 설비용량은 305기가와트에 이르렀다. 이는 2015년 중국의 풍력발전 용량인 145기가와트의 두 배가 넘는다. 그럼에도 풍력발전은 중국의 총 발전량의 5퍼센트만을 차지한다.

덴마크에서는 풍력발전의 비중이 2018년 말을 기준으로 총 발전량의 41퍼센트에 이르렀고 계속 증가 추세이다. 독일의 풍력발전 비율은 총 발전량의 21퍼센트에 이른다. 아일랜드(28퍼센트), 포르투갈(24퍼센트), 스페인(19퍼센트) 등 서유럽의 많은 나라들에서 풍력발전량은 급속히 늘고 있다.

전력 소비량으로 보면 2018년의 풍력발전 비율이 세계 평균 4.8퍼센트인 데 비해 유럽의 평균은 18.8퍼센트로 20퍼센트에 육박한다. 2018년 말 우리나라의 풍력발전 설비용량은 1302메가와트라고 하는데 이는 우리나라 총 발전용량인 11만 6910메가와트(2018년)의 1.2퍼센트에 불과한 수준이다.

다음의 그래프는 세계 풍력발전 설비 누적용량을 나타낸 것이다. 이 그래프로 세계 풍력발전 설비의 증가량이 거의 기하급수적이라는 것을 알 수 있다.

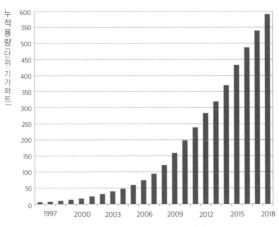

그림 14-27 세계 풍력발전 설비 누적 현황(출처_GWEC)

최근(2018년)까지의 각국의 풍력 터빈의 설비용량 자료에 따르면 우리나라는 그리스, 모로코, 이집트, 파키스탄 등과 비슷한 수준에 머물고 있다. 중국은 미국을 제치고 세계에서 가장 큰 풍력발전 설비를 가진 국가가 되었다.

현재 우리나라에는 전력의 약 3분의 1을 공급하는 무공해 전력인 원자력의 비중을 줄이는 데 대해 찬반 논란이 일고 있다. 원자력발전은 가동 시 공해가 거의 없고 또 석유나 석탄, 가스를 연료로 하는 발전 방식보다 발전 단가도 낮고 공해도 적다.

그러나 전쟁으로 폭격이나 폭파를 당한다거나 천재지변에 의한 자연재해가 발생했을 때는 일본의 후쿠시마나 러시아의 체르노빌에서 보는 것처럼 그 지역 전체에 사람이 거주하는 것마저도 불가능해질 수 있다.

따라서 국토가 좁고 전쟁 등 북한에 의한 위험 요소 등의 우려를 완전히 배재할 수 없는 상태에서는 원자력발전의 증가에 대해 신중히 고려할 필요가 있다.

원자력발전소의 가동 중에 나오는 방사성 폐기물 등의 영구 저장설비를 위한 장소도 원전 시설의 증설에 따라 더 많이 필요해질 것이므로 설치 장소 문제도 앞으로는 해결이 그리 쉽지 않을 것으로 보인다.

또 고리 1호기처럼 수명이 다한 원자력발전소의 해체에는 긴 시간(현재로서는 적어도 해체에 15년이나 20년 이상이 필요할 것으로 추정된다)과 기술, 자금이 크게 필요하므로 30년이나 40년 뒤 우리나라의 모든 원자력발전소들이 수명을 다했을 때의 해체에 대한 문제도 심각하게 고려하지 않으면 안 될 것이다.

무공해 발전으로 태양광에 의한 발전이 많이 진전되고 있는데 태양광의 발전 단가는 최근 태양전지의 생산 단가가 크게 낮아져 앞으로 경쟁이 가능한 선까지도 떨어질 수 있을 것이다.

그러나 태양광에 의한 발전은 단위면적당 태양이 방출하는 에너지가 지표에서는 제곱미터당 약 $1kw/m^2$인 데다가 현재 사용되고 있는 태양전지의 효율이 10~20퍼센트 정도의 것이 대부분이고 인버터inverter나 변압기 등을 통해 전력망에 연결할 때의 손실도 많아 실제로 크게 발전을 하려면 엄청나게 넓은 면적이 필요하다.

또 밤이나 구름이 낀 날에는 전력 생산이 불가능하고 태풍과 같은 자연재해에 대한 대처 등을 고려한다면 국토가 좁은 우리나라에서는 대당 발전량이 비교적 큰 풍력에 비해 불리할 것으로 추정된다. 현재 가장 큰 풍력발전기는 대당 15메가와트, 곧 1만 5000킬로와트의 발전을 할 수 있다고 한다.

한 가지 꼭 지적하고 싶은 부분은 현재 한국에서 사용되고 있는 풍력 터빈은 세 개의 날개를 가진 프로펠러식이 대부분인데 이것은 바람과 접하는 블레이드(날개)의 면적이 작아 평균 풍속이 높지 않은 우리 지역 사정에 맞지 않는다는 점이다.

다음 그래프에서 원은 프로펠러를 돌릴 수 있는 바람이 통과하는 부

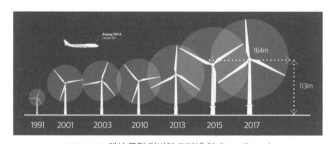

그림 14-28 해상 풍력 터빈의 크기(출처_Open Ocean)

분을 나타낸 것이다(그림 14-28 참조). 이 원의 면적을 통과한 바람 중에 오직 프로펠러의 날개에 부딪히는 바람만이 날개를 돌리는 힘으로 작용하고 그 외의 부분을 통과하는 대부분의 바람은 풍력 터빈의 작동에 아무런 기여를 하지 못한다.

이것으로 세 개의 날개를 가진 현재의 프로펠러식 풍력 터빈은 효율이 몹시 낮은 이유를 알 것이다. 풍력 터빈의 총 효율은 프로펠러가 스치는 면적(원의 면적)과 프로펠러의 접풍면적비(프로펠러가 바람에 직접 부딪히는 면적)도 다른 요소들과 함께 포함되기 때문이다.

유럽의 여러 나라를 비롯해 미국, 중국 등 국토가 넓은 나라는 위치가 북극권이나 무역풍 대역에 속하는 지역이 많아 일 년 내내 일정한 바람이 부는 지역을 택해 충분한 풍력을 얻을 수 있다. 그러나 우리나라는 북극이나 남극의 제트기류나 무역풍 대역의 편서풍 등의 혜택을 받지 못하는 위치에 있으므로 충분한 속도로 지속적으로 부는 바람을 기대하기 어렵다.

따라서 간헐적으로 부는 미풍이나 약풍에도 충분히 작동할 수 있도록 날개(블레이드)의 수를 늘리거나 면적이 넓은 날개로 바람에 대한 각 날개의 대면적對面積을 늘릴 필요가 있다.

그림 14-29
날개의 수가 많은 프로펠러식 터빈

한편, 비닐하우스 등에도 5~10킬로와트 정도의 전기를 일으킬 수 있는 발전기 몇 대를 설치한다면 겨울 난방비를 크게 절약할 수 있을 것이다. 풍속이 약한 바람이 불 때 발전되는 전력은 전압이 낮아 송전을 할 수 없지만 이를

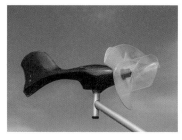

그림 14-30 약한 바람에도 작동하는
수평축 터빈(왼쪽)과 수직축 터빈

난방용 히터(전열기) 등에 쓴다면 전력을 낭비하는 일을 완전히 줄일 수 있다(사진에 나오는 형식의 터빈들은 모두 소형 발전에 유용할 것이다).

그리고 이 정도의 소형 풍력 터빈들은 설비비나 운반비 등이 대형 터빈에 비해 훨씬 낮아, 보일러를 설치하고 값비싼 기름을 사용하는 난방방식과 비교하면 보일러보다 비용이 더 들었다고 하더라도 가동 후 2~3년 이내에 상각償却하게 될 수도 있을 것이다.

미풍이나 약풍에 적합하도록 만든 터빈은 태풍이나 폭풍 등에 의해 손상될 수 있으므로 적당한 보호장치가 필요할 수도 있다.

부록

———

'Betz의 법칙'에 대한 재검토

필자는 2010년 필자가 발명한 반작용식 터빈의 특허에 의한 새로운 스팀 터빈을 개발하기 위해 'HK Turbine'이라는 회사를 설립하여 순 반작용식 스팀 터빈인 'HK 터빈Heron-Kim turbine'에 대한 연구와 개발을 해왔다.

그간 여러 종류의 터빈(수력 터빈, 스팀 터빈, 풍력 터빈과 충격식 터빈, 반작용식 터빈 등)을 연구하는 과정에서 유독 풍력 터빈만이 이론적 효율의 한계를 가지고 있다는 것을 알았고, 기타 터빈들의 한계에 대한 법칙은 발표된 것을 보지 못했다(수력이나 스팀 터빈에는 Betz의 법칙처럼 그 효율의 한계를 규정한 법칙이라 할 만한 논문이 없다는 뜻이다). 그리고 Betz가 제시한 풍력 터빈의 효율에 대한 상한치가 다른 종류의 터빈들의 실제 효율보다 훨씬 낮다는 것을 알았다.

예를 들면 수력 터빈인 Kaplan Turbine은 현재 가장 많이 사용하고 있는 풍력 터빈과 같은 개방형 프로펠러식open propeller type 터빈이지만, 풍력 터빈에 비해 왜 월등히 높은 효율(90퍼센트 이상)을 가지는가에 대해 많은 의문이 있었다. 물론 수력 터빈에서 유체인 물과 풍력 터빈에서 유체인 공기는 서로 밀도의 차이가 있기는 하지만 작동원리는 같기 때문에 근본적으로 효율의 차이가 크게 나지 않아야 한다.

또 물은 비압축성 유체이고 공기는 압축성 유체라는 차이도 있으나 풍력 터빈에 작용하는 대기압 정도의 낮은 압력의 공기는 비압축성 유체의 성질을 띠고 있다. 역시 스팀 터빈의 스팀은 공기처럼 압축성 유체이고 밀도도 공기와 크게 차이가 나지 않지만 스팀 터빈의 효율은 90퍼센트 이상이고(물론 고압이긴 하지만) 풍력 터빈의 이론적인(이상적인 경우에도) 효율은 Betz의 법칙에 의하면 59.3퍼센트를 넘을 수 없다고 하는 것이 모순으로 느껴졌다.

'Betz의 법칙'은 독일의 물리학자 알베르트 베츠Albert Betz, 1885~1968가 1919년 발표한 논문에서 제시한 개방형 프로펠러식 풍력 터빈의 효율의 이론적 한계를 말하는데, 이 이론에 따라 지난 100년간 풍력 터빈의 효율은 Betz의 한계인 59.3퍼센트를 넘을 수 없는 것으로 인정되어왔다.

필자는 각종 터빈(충격식 터빈과 반작용식 터빈)에 대한 이론적인 면들도 살폈으나 유독 풍력 터빈만이 낮은 효율의 한계를 가져야 하는 이유를 알 수 없었고, 이러한 것이 필자가 Betz의 법칙의 유도 과정을 다시 상세히 검토하게 된 동기가 되었다.

그 결과, 필자는 Betz가 논문의 수식數式들을 유도하는 과정에 설정한 가정들에 근본적인 오류가 있고 또 그 유도 과정에서도 잘못된 속도를 대입하는 오류들을 범한 것을 알게 되었다.

Betz의 법칙은 그동안 (모든) 터빈의 효율의 이론적인 수식 유도에 관한 효시이고 상징이었으므로 그의 이름을 딴 법칙을 부정하는 의미의 이 논문이 너무나 의외이고 중요한 결과로 받아들여질 수 있기에 발표를 미루어왔으나 곧 〈미국기계공학지ASME:American Society for Mechanical Engineering〉에 투고할 예정이다.

Betz의 법칙은 풍력 터빈을 연구하는 분들에게는 반갑지 못한 효율의 한계여서(한계가 너무 낮아) 이러한 한계가 잘못되었다는 것을 연구원들이 이해하게 된다면 앞으로 더 효율이 높은 풍력 터빈의 개발에 대한 희망과 의욕이 높아질 것이라 믿어 논문을 이 책의 말미에 먼저 발표하기로 결심하였다.

이 논문이 풍력 터빈을 연구하는 분들에게 도움이 되었으면 한다.

'Betz의 법칙'에 대한 재검토

요약Abstract

'Betz의 법칙'으로 알려진 알베르트 베츠Albert Betz의 1919년 논문을 면밀히 검토한 결과 그의 논문에 근본적인 오류들이 있음을 발견했다. 본 논문에서 필자는 상류와 하류의 공기의 흐름에 대한 Betz의 도면이 보여주는 모순점들을 지적했고 터빈의 출력을 나타내는 식들을 유도하는 과정에서도 터빈으로 들어가는 바람의 속도(V)를 아직 터빈에 도달하지도 않은 상류 측의 바람의 속도(V_1)로 잘못 대입함으로써 터빈으로 들어가는 바람의 속도(V)가 상류의 바람의 속도(V_1)와 하류의 바람의 속도(V_2)의 평균 즉 $V = (V_1 + V_2)/2$ 이라는 잘못된 결과를 얻었으며 또 그것을 그가 유도한 출력 식에 대입함으로써 개방형 프로펠러 형식의 풍력 터빈air turbine의 최대의 효율이 16/27(59.3%) 이상 넘지 못한다는 잘못된 결과를 얻었음을 지적했다.

Albert Betz's 1919 article now known as Betz's Law has been carefully reexamined and it was found that there were some basic mistakes. This article shows that his assumptions relating to wind streams, as is seen in his diagram, are contradictory and in his derivation of the power equations he also made wrong substitutions of air velocity entering the turbine. Therefore he obtained the wrong result that the velocity of air entering the turbine(V) is the average velocity of upstream(V_1) and downstream(V_2) air velocities that is: $V=(V_1+V_2)/2$.

The substitution of this value of V to his power equation resulted in the wrong conclusion that the maximum efficiency of open propeller type air turbine is $16/27$(59.3%).

서문Introduction

독일 Albert Betz의 논문이 발표된 지 100년이 되었고 그 논문에서 그가 유도한 결과인 Betz의 법칙은 그간 air turbine이 넘을 수 없는 효율의 한계로 인정되어왔다. 그뿐 아니라 그의 논문은 터빈의 효율에 대한 근본적 연구의 효시가 되었고 그 후 많은 연구자들이 그의 논문을 인용하고 있다.

종종 그가 제시한 한계를 넘는 air turbine을 디자인할 수 있다고 주장하는 경우들도 있었으나 실제로 그러한 air turbine을 만든 예는 아직 없는 것 같다. 같은 충격식*Impulse type 원리로 작용하는 충격식 수력 터빈Impulse type Hydro turbine인 Kaplan turbine이나 Pelton turbine은 Betz가 제안한 한계보다 훨씬 높은 효율(90% 이상)을 낸다고 주장하고 있다. 그러나 어느 누구도 Betz가 충격식(프로펠러식) 풍력 터빈에 대해 제시한 것처럼 충격식 수력 터빈의 이론적 효율의 한계The Theoretical Limit of Efficiency를 명확하게 내보인 논문을 필자는 아직 보지 못했다.

필자는 순 반작용식인 HK Heron-Kim turbine을 연구하다가 반작용식 Reaction turbine 터빈과 충격식 터빈Impulse turbine 각각의 에너지 변환 효율에 대한 수식을 유도했는데, 충격식 터빈의 경우는 가장 이상적인 경우에도 그 효율이, 들어오는 유체의 운동 에너지의 8/9 즉 89.8%를 넘지 못한다는 이론적 결론을 유도해냈다. 다시 말하면 적어도 1/9 이상의 입력유체의 운동 에너지를 배출되는 유체가 가지고 나가지 않으면 전체의 에너지보존과 입출유체의 질량보전이 되지 않는다는 것이다.

거의 모든 공업열역학이나 유체역학의 교재들에서는 배출되는 유체가 가져야 하는 최소한의 에너지를 고려하지 않았기 때문에 충격식 터빈인 Pelton turbine이나 Kaplan turbine은 기계적 저항이나 기타의 손실이 없는 이상적인 경우 효율이 100%까지 도달할 수 있다고 주장하고 있다. 이것은 에너지보존법칙에 의하면 배출되는 유체가 가지는 운동 에너지가 거의 없다는 것을 뜻하며 그러면 배출유체의 속도가 영zero이 되므로 터빈으로부터 배출될 수가 없어 들어오는 유체와 배출되는 유체 간의 질량보존이 불가능하게 된다.

어떤 터빈이든 들어오는 유체와 배출되는 유체의 양은 같아야 하기 때문에 이러한 입출력 유체의 양을 보존하기 위해서 배출되는 유체가 가져야 할 최소의 속도(에너지)의 한계가 있고, 그 한계는 입력유체가 가지는 운동 에너지의 최소한 1/9 이상을 배출유체가 가지고 나가야 된다는 것이 필자가 유도한 결과이다.

그리고 Betz의 air turbine, Kaplan이나 Pelton의 수력 터빈 모두 충격식* 터빈Impulse turbine에 속하지만 저항이나 기계적 손실이 없는 이상적인 경우에, 유체역학이나 공업열역학 책들에 나온 수력 터빈들의 효율은 위에서 필자가 유도한 효율 88.9%(8/9)를 상회하는 90~100%에 이르고, 풍력 터빈에 대한 Betz의 한계(59.3%)는 역으로 많이 미달한다. 충격식 수력 터빈과 충격식 풍력 터빈은 오직 그 터빈들이 작동하는 유체의 밀도에 차가 있을 뿐이다. 특히 Betz의 풍력 터빈과 Kaplan의 수력 터빈은 둘 다 개방형 프로펠러식 터빈이다. 같은 충격식 터빈임에도 무엇 때문에 효율에서 이러한 격차가 나는지 알기 위해 필자는 이 논문들을 다시 꼼꼼히 검토하게 되었다.

그 결과, Pelton turbine의 경우는 터빈의 최대효율을 산출하는 과정에서 배출되는 유체가 가지고 나가는 최소의 에너지도 고려되지 않았던 것이 문제이고, Betz의 경우는 배출되는 유체가 가지는 에너지는 고려되었으나 수식의 유도 과정과 그가 정한 기본 가정에 오류가 있었음을 알게 되었다.

본문Main Text

본 논문은 Betz의 법칙에 대한 재검토이므로 필자는 우선 아래에서 Betz가 설정한 가정과 그에 따른 모순점들을 지적하고 그다음 그가 수식들을 유도하는 과정에서 범한 여러 오류들도 함께 지적했다.

Betz의 수식들의 유도 과정의 재검토

A. 터빈으로 유입되기 전후의 공기의 흐름에 대한 Betz의 가정

다음 도면은 Betz가 가정한 세 단면을 나타내고 있는데 A_1으로 표시된 부분이 상류upstream의 풍속을 나타내는 지점의 단면이고, A는 터빈의 단면, 그

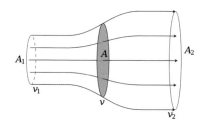

리고 A_2는 터빈을 통과하면서 에너지를 잃어 속도가 늦어진 배출된 공기가 차지하는 하류downstream의 단면을 나타낸다. 위 도면에서 단면적 A_2가 A보다 커진 이유는 터빈 A를 통과한 일정량controlled volume의 공기는 터빈 블레이드에 그 운동량의 일부를 전가해 속도가 늦어졌으므로 이 공기를 담은 단면 A_2를 가진 하류의 원통cylinder의 길이($V_2 \times \Delta t$)가 줄어서 단면이 커지지 않으면 통과한 공기의 질량(부피; 밀도가 일정하면)보존이 되지 않기 때문이다. Betz는 세 지역(A_1, A, A_2) 모두에서 공기의 밀도(ρ)는 변하지 않는다고 가정했다. 위 도면은 이러한 것을 나타내고 있다. 또 위 도면에서 보면 상류의 공기는 터빈에 도착하기 전에 팽창하는 것으로 그려져 있다(A_1에서 A로 연결되는 과정에 A 원통이 A_1 원통보다 직경이 크게 그려져 있다).

이상이 Betz가 정한 터빈으로 유입되기 전후와 터빈 내에서의 공기의 흐름에 대한 그의 가정이고 또 터빈 자체에 대한 가정은 다음과 같다.

B. 터빈에 대한 Betz의 가정

1. 터빈 로터rotor는 hub를 갖지 않고 무한히 많으며, 저항이 전혀 없는 이상적인 블레이드non-dragging blade들을 가진다.

2. 터빈 로터를 지나가는 공기의 흐름은 축류axial이다.

3. 공기의 흐름은 비압축성non-compressible이며 밀도는 일정하다.

4. 열에너지의 교환은 없다.

5. 로터에는 균일한 힘이 작용한다.

이상은 그의 터빈에 대한 근본 가정이다.

Betz의 공기 흐름에 대한 가정과 위 단면들에 대한 점검

그의 터빈 출력에 대한 식들을 유도한 과정을 살피기 전에 먼저 그가 제시한 위 그림에 나타난 공기의 흐름의 세(3) 단면을 설정한 그의 가정들에 대해 먼저 검토하기로 한다.

a. 하류downstream 쪽에 대한 점검

우선 터빈의 단면적 A를 통과한 하류downstream 쪽의 공기에 대해 먼저 살펴보기로 한다.

터빈 로터rotor에서 에너지를 잃은 공기는 속도가 줄 것이고 또 Betz는 터빈의 전후에서도 공기의 밀도의 변화가 없다고 가정했기 때문에 단위 시간당 터빈을 통과한 공기의 양이 보존되기 위해서는, 이 부피controlled volume의 공기를 포함하는 하류 원통인 단면 A_2 원통cylinder의 길이($V_2 \times \Delta t$)가 줄어(속도 V_2가 줄었으므로) 직경은 A에서 A_2로 늘어나야 부피(혹은 질량)가 보존된다($AV\rho$ $= A_2 V_2 \rho$). Betz의 도면은 이것을 보이고 있다.

• 모순점 1

그러나 에너지를 잃은 하류의 공기downstream air가 그 단면적을 A에서 A_2로 팽창하기 위해서는 단면 A로 된 원통cylinder 내에 있는 터빈 로터에서 배출된 공기는 주변의 공기를 밀어내야 A_2로 팽창할 수 있고, 그러기 위해서는 주변공기surrounding air나 터빈 입구 쪽의 공기보다 압력이 높아야 한다. 터빈 입구 쪽의 공기와 터빈을 통과하지 않는 터빈 외부인 주변공기는 압력이 같기 때문이다. 그러나 터빈을 통과한 공기는 터빈의 로터rotor에 에너지를 잃었기 때문에 압력이 더 낮아졌을 것이다. 그러므로 이것은 터빈에서 출력이 발생했다면 외부 공기의 압력보다 낮아졌을 것이므로 압력이 더 높은 외부 공기를 밀어낼 수 없어 팽창할 수가 없다. 그러므로 이것은 옳지 않다.

만약 터빈의 내부 A 단면을 통과한 원통 내의 공기의 압력이 높아져서 배출되면서 주변공기의 압력에 저항해 Betz의 도면이 보이는 것처럼 팽창했다면($A \rightarrow A_2$로), A 원통 내의 공기의 압력(터빈 내의 압력)이 터빈 앞쪽의 압력보다 높다는 것을 의미하므로(터빈의 주변과 상류의 공기의 압력은 같으므로) 터빈으로 더 이상 공기가 들어올 수 없어 터빈이 멈추거나 혹은 반 방향으로 돌 것이다.

이것은 사실과 다르므로 모순이다. 그러므로 도면에서 터빈의 하류 쪽의 원통의 단면적 A_2를 터빈의 단면적 A보다 크다고 가정한 그의 가정은 잘못이다(앞 도면 참조).

또 A나 A_2 원통 내의 공기의 압력이 주변보다 높다면 그 원통 내의 공기의 밀도도 주변공기보다 높아야 하므로 이는 공기의 밀도가 일정하다는 그의 가정과도 모순된다.

b. 터빈의 기능에 대한 모순(터빈 내에서의 흐름)

● 모순점 2

그의 가정과 같이 만약 터빈 로터rotor의 블레이드blade들이 전혀 저항하지 않는다면non-dragging blade 어떤 힘이 터빈의 로터를 돌릴 것인가? 로터에서 출력이 발생하는 것은 공기가 블레이드에 부딪쳐 방향이 전환되며 공기가 가졌던 운동량의 일부를 블레이드에 전환하기 때문이며, 이것이 곧 블레이드가 공기의 속도와 방향을 바꾸게 하는 저항력dragging force이다. 이러한 저항력이 전혀 없다면 공기는 속도의 변화 없이($V = V_2$) 터빈 로터를 통과할 것이고 터빈의 출력도 발생시키지 못할 것이다. 그러므로 전혀 저항이 없는 블레이드non-dragging blade라는 그의 가정은 터빈의 가동의 근본 원인을 부정하는 모순을 안고 있다. 다시 말하면 공기에 대한 저항력 dragging force을 일으키지 않는 블레이드를 가진 터빈은 출력을 낼 수가 없으므로 터빈이 아니다.

c. 상류Upstream 쪽에 대한 점검

● 모순점 3

그의 계산에 의하면 터빈 입구에서의 공기의 속도 V는 $V = (V_1 + V_2)/2$, 즉 상류와 하류에서의 풍속의 평균이라고 했다. 이것은 V_1의 속도를 가졌던 상류의 바람이 터빈 입구에 이르렀을 때 속도가 V로 줄었다는 뜻이 된다. 그러면 $A(V_1 V)\rho$ 만큼의 공기는 이 정량의 공기를 포함하는 상류 원통의 외부로 나가야 한다. 왜냐하면 터빈을 통과하는 공기의 양은 $AV\rho$뿐이며 들어오는 공기의 양은 $AV_1\rho$이고 $V_1 \rangle V$ 이기 때문이다. 그러나 터빈을 통과하지 못하는 $A(V_1 - V)$의 양의 원통 내의 공기는 주변의 공기를 밀어내며 나가야 하고, 그러기 위해서는 이 원통 내의 공기의 압력이 주변의 공기의 압력보다 높아야 한다. 이것은 이 원통 내의 공기의 밀도가 주변의 공기보다 더 높다는 것을 의미하기 때문에 밀도가 일정하고 비압축성이라는 그의 가정에 위배된다.

Betz는 앞 도면에서 이러한 모순을 피하기 위해 A_1을 A보다 작게 가정했다(앞 도면 참조).

그렇게 하더라도 역시 직경이 작은 A_1 원통 내에 있던 공기가 터빈으로 들어오기 직전에 터빈과 같은 단면적인 A로 확장하려면 역시 주변 공기압에 대항해 밀어내야 하므로 A_1 원통 내의 공기의 압력이 주변공기의 압력보다 높아야 하고 따라서 그 공기의 밀도도 높아야 한다.

이것은 그의 공기의 밀도는 모든 과정에서 일정하다는 그의 가정에 모순된다(이것은 앞 도면에서 그가 A_1의 면적을 A보다 작다고 가정한 점에 대한 잘못을 지적한 것이다).

여기까지 필자는 그가 가정한 3개의 흐름의 단면에 따른 모순점들을 지적했다.

다음은 실제 그의 수식들의 유도 과정에 있는 근본적인 오류들도 지적하기로 한다.

Betz의 수식들의 유도 과정에 대한 검토

그의 수식 유도 과정을 검토하기로 하자. 터빈을 통과하는 일정량controlled

volume의 공기의 질량이 보존되기 위해서;

$$= \rho_1 A_1 V_1 = \rho A V = \rho_2 A_2 V_2 \cdots\cdots (1)$$

위 등식이 성립해야 한다(Betz는 공기의 밀도가 일정하다고 했으므로 $\rho_1 = \rho = \rho_2$).

여기서 V_1과 V_2는 각각 상류와 하류에서의 공기의 속도이고 V는 터빈으로 들어가는 공기의 속도이다. 또 A_1은 상류의 공기로 터빈을 통과할 일정량 controlled volume을 포함하는 원통cylinder의 단면이고 A_2는 터빈을 통과한 같은 양의 공기를 담은 하류의 원통의 단면이며 A는 터빈의 단면, 그리고 ρ는 공기의 밀도이다. 위 식은 들어오는 공기와 나가는 공기의 질량이 같다는 것을 의미하므로 틀림이 없다.

그러면 로터에 작용하는 공기의 힘은 뉴턴의 법칙에 의해 공기의 질량 곱하기 그 가속도이다. 그러므로;

$$F = ma = m\, dV/dt = \underline{\quad\quad} = \rho A V (V_1 - V_2)$$

라고 Betz는 쓰고 있다.

그러나 최종의 수식 $\rho A V (V_1 - V_2)$은 옳지 않다. 그 이유는 터빈의 로터를 돌리는 바람은 터빈으로 들어가는 속도 V를 가진 바람이지 아직 터빈에 도달하지 못한 속도 V_1을 가진 상류의 바람이 아니기 때문이다.

따라서 위 식의 $\rho A V (V_1 - V_2)$는 $\rho A V (V - V_2)$로 바뀌어야 한다.

이것이 그의 식의 유도 과정에 있는 첫 번째 오류이다.

이것은 그가 상류의 바람이 터빈에 도달하기 전에 속도가 줄어든다고 가정했기 때문에 일어나는 오류이다. 실제로는 상류의 바람이 터빈에 도착하기까지 바람의 속도를 늦출 아무런 장애물이 없기 때문에 바람의 속도는 터빈을 통과하면서 변하게 될 것이다.

Betz는 또 다시 같은 오류를 다음 식의 유도 과정에서도 범한다.

$$dE = F\,dx$$

그리고

$$P = dE/dt = F\,dx/dt = FV$$

여기까지는 틀린 것이 없으나, 다음 그는 터빈의 출력은

$$P = A\,V^2\,\rho(V - V_2)$$

가 된다고 했다. 여기서 V_1은 역시 터빈에 아직 도착하지 않은 상류 공기의 속도이다. 이것 또한 V_1이 아니고 V가 되어야 한다. 터빈의 출력을 일으키는 공기는 터빈으로 들어가는 속도 V를 가진 공기이기 때문이다. 그러므로 위의 식은;

$$P = A\,V^2\,\rho(V - V_2) \cdots\cdots (2)$$

가 되어야 한다.

그다음 그는 에너지보존법칙을 적용해 출력을 계산하는데, 터빈에서 발

생되는 에너지를 시간으로 미분한 터빈의 출력은 상류와 하류에서의 공기의 운동 에너지의 차와 같다고 했다. 즉,

$$P = dE/dt = (V_1^2 - V_2^2)/2$$

이라고 했으나 이것 역시 같은 오류를 범했다. 공기가 터빈을 통과해야 터빈에서 출력이 발생하므로 여기서 터빈을 통과하는 공기의 속도는 V 이지 V_1이 아니다.

그럼으로 위 식은 V_1을 V로 대체한

$$P = dE/dt = (V_2 - V_2^2)/2$$
$$= AV\rho(V_2 - V_2^2)/2 \cdots\cdots (3)$$

이어야 한다.

그의 다음 순서를 따르면 그는 식 (2) = (3)으로 두고 터빈에 도달한 공기의 속도 V를 $V = (V_1 + V_2)/2$라고 얻었다. 그러나 위에서 교정된 식 (2)와 (3)을 사용하면;

$$V = V_2$$

라는 결과를 얻게 되고, 이것은 그의 가정처럼 전혀 저항이 없는non- dragging 터빈이라면 당연한 결과이다.

위의 $V = V_2$의 의미는 터빈을 통과한 공기는 속도의 변화가 없다는 것을

나타내고, 또 $V = V_2$를 터빈의 출력 식 (2)에 대입하면 터빈의 출력으로 영(P = 0)을 얻는다. 이것은 공기는 Betz의 저항이 없는non-dragging 터빈의 로터를 속도의 변화 없이 통과하고 터빈에서는 아무런 출력도 발생하지 않을 것임을 수식으로 증명한 셈이다.

그러나 Betz는 위에서 지적한 오류들 때문에

$$V = (V_1 + V_2)/2$$

이라는 믿기 어려운 잘못된 결과를 얻었다.

그다음 Betz는 위 결과를 출력을 나타내는 (3) 식에 대입하고 V_1/V_2의 비가 출력이 최대일 때를 구했는데, 그때 $V_1/V_2 = 1/3$이 된다는 것과 그 결과 최종적으로 터빈의 효율이 16/27을 넘을 수 없다는 결론을 얻게 된다. 그러나 위에서 이미 $V = (V_1 + V_2)/2$라는 그의 결과가 잘못이라는 것을 증명하였기 때문에 더 이상 계속할 필요 없이 16/27이라는 그의 결과가 잘못되었다고 결론지을 수 있다.

그러므로 이러한 잘못된 계산에서 나온 air turbine의 효율이 16/27 즉 59.3%를 넘지 못한다는 그의 결론은 잘못이다.

---

* 여기서 필자가 충격식 터빈이라 정의한 것은 들어오는 유체의 운동 에너지가 터빈 블레이드에 충돌하며 그 운동량의 일부를 블레이드에 전가하여 출력이 발생하는 경우를 말하고 반작용식 터빈은 유체를 배출하는 노즐이 Heron turbine에서처럼 로터에 붙어 있어 분출되는 유체의 순수한 반작용에 의해 로터의 출력이 발생하는 터빈을 말한다. 그러므로 충격식 터빈의 경우 Pelton turbine이나 steam turbine에서처럼 노즐이 로터가 아닌 터빈 몸체(혹은 고정익)에 고정되어 있거나 air turbine이나 Kaplan turbine에서처럼 유체가 로터의 전면 혹은 측면에서 유입되는 터빈을 말한다.

결론Conclusion

Albert Betz가 고려한 Open propeller type의 air turbine의 최대 효율이 16/27 즉 59.3%를 넘지 못한다는 그의 결론은 잘못이다.

참고 자료

1. Fluid Mechanics 2nd edition; Yunus A. Cengel and John M. Cimbala; Published by McGraw Hill Inc.

2. Fluid Mechanics 3rd edition; by Frank M. White; Published by McGraw Hill, Inc.

3. Modern Engineering Thermodynamics by Robert T. Balmer Published by Elsevier

4. Internet Wikipidia on Betz's Law

그림 출처

그림 1-12 Shutterstock.com

그림 1-16 sciencemuseum.org.uk

그림 1-19 Shutterstock.com

그림 2-14 Richardson/ushistoryimages.com

그림 2-24 Kev Gregory/Shutterstock.com

그림 2-30 Somorjai Ferenc/hu.wikipedia.org

그림 3-1 musée national de la Marine/P. Dantec

그림 4-5 Photoagriculture/Shutterstock.com

그림 5-1, 6-2, 6-3, 6-4 Shutterstock.com

그림 5-5, 5-12 douglas-self.com

그림 7-9 Siemens Pressebild/commons.wikimedia.org

그림 7-10, 7-12 Shutterstock.com

그림 7-13 Vestman/flickr.com

그림 8-2 Morio/commons.wikimedia.org(CC BY-SA 3.0)

그림 8-6 Rudiecast/Shutterstock.com

그림 8-7, 8-8, 8-12 Shutterstock.com

그림 9-5, 9-8 Shutterstock.com

그림 9-10 LIBRALATO/cordis.europa.eu

그림 10-16 Lars-Göran Lindgren Sweden/ja.m.wikipedia.org(CC BY-SA 3.0)

그림 10-21 Whiteaster/Shutterstock.com

그림 11-2 draq/flickr.com

그림 11-3 Original: Redline Vector: Pbroks13/commons.wikimedia.org(CC BY-SA 3.0)

그림 11-6 Shutterstock.com

그림 11-7(오른쪽) Cliff/flickr.com

그림 11-10 Bundesarchiv/commons.wikimedia.org(CC BY-SA 3.0)

그림 12-4 Ian Dunster/commons.wikimedia.org(CC BY-SA 3.0)

그림 12-7 Photovault.com

그림 12-11 Review News/Shutterstock.com

그림 12-13 Photovault.com

그림 12-15 Olga Besnard/Shutterstock.com

그림 12-17 Hunin/commons.wikimedia.org(CC BY-SA 4.0)

그림 12-19 nationalmuseum.af.mil

그림 13-3 wikiwand.com(CC BY-SA 3.0)

그림 13-6, 13-8, 13-9, 13-14(왼쪽) Shutterstock.com

그림 13-15 deutsches-museum.de

그림 13-17 PC21/commons.wikimedia.org(CC BY-SA 2.5)

그림 13-22 Stahlkocher/commons.wikimedia.org(CC BY-SA 3.0)

그림 13-23 (왼쪽) Rehman/commons.wikimedia.org(CC BY-SA 2.0)

　　　　　　(오른쪽) Voith Siemens Hydro Power Generation/voithsiemens.com

그림 13-24 Museokeskus Vapriikki/commons.wikimedia.org(CC BY-SA 2.0)

그림 13-26 Shutterstock.com

그림 14-1(오른쪽) Clem Rutter, Rochester Kent/commons.wikimedia.org(CC BY-SA 3.0)

그림 14-2 Shutterstock.com

그림 14-3 Richard Croft/commons.wikimedia.org(CC BY-SA 2.0)

그림 14-5, 14-8 Shutterstock.com

그림 14-10 global-greenhouse-warming.com

그림 14-11 Paul Anderson/commons.wikimedia.org(CC BY-SA 2.0)

그림 14-14, 14-15 Shutterstock.com

그림 14-19 Firma/commons.wikimedia.org(CC BY-SA 3.0)

그림 14-30 Shutterstock.com

표지 Morio/commons.wikimedia.org(CC BY-SA 3.0)